Computer Science Library-6

コンピュータ
アーキテクチャ入門

城 和貴 著

サイエンス社

Computer Science Library
編者まえがき

　コンピュータサイエンスはコンピュータに関係するあらゆる学問の中心にある．コンピュータサイエンスを理解せずして，ソフトウェア工学や情報システムを知ることはできないし，コンピュータ工学を理解することもできないだろう．

　では，コンピュータサイエンスとは具体的には何なのか？ この問題に真剣に取り組んだチームがある．それが米国の情報技術分野の学会である ACM（Association for Computing Machinery）と IEEE Computer Society の合同作業部会で，2001年12月15日に Final Report of the Joint ACM/IEEE-CS Task Force on Computing Curricula 2001 for Computer Science（以下，Computing Curricula と略）をまとめた．これは，その後，同じ委員会がまとめ上げたコンピュータ関連全般に関するカリキュラムである Computing Curricula 2005 でも，その中核となっている．

　さて，Computing Curricula とはどのような内容なのであろうか？ これは，コンピュータサイエンスを教えようとする大学の学部レベルでどのような科目を展開するべきかを体系化したもので，以下のように14本の柱から成り立っている．Computing Curricula では，これらの柱の中身がより細かく分析され報告されているが，ここではそれに立ち入ることはしない．

Discrete Structures (DS)　　　　　Human-Computer Interaction (HC)
Programming Fundamentals (PF)　　Graphics and Visual Computing (GV)
Algorithms and Complexity (AL)　　Intelligent Systems (ItS)
Architecture and Organization (AR)　Information Management (IM)
Operating Systems (OS)　　　　　Social and Professional Issues (SP)
Net-Centric Computing (NC)　　　Software Engineering (SE)
Programming Languages (PL)　　　Computational Science and
　　　　　　　　　　　　　　　　　　　　Numerical Methods (CN)

　一方，我が国の高等教育機関で情報科学科や情報工学科が設立されたのは1970年代にさかのぼる．それ以来，数多くのコンピュータ関連図書が出版されてきた．しかしながら，それらの中には，単行本としては良書であるがシリーズ化されていなかったり，あるいはシリーズ化されてはいるが書目が多すぎて総花的であったりと，コンピュータサイエンスの全貌を限られた時間割の中で体系的・網羅的に教授できるようには構成されていなかった．

編者まえがき

　そこで，我々は，Computing Curricula に準拠し，簡にして要を得た教科書シリーズとして「Computer Science Library」の出版を企画した．それは，以下に示す 18 巻からなる．読者は，これらが Computing Curricula の 14 本の柱とどのように対応づけられているか，容易に理解することができよう．これは，最近気がついたことだが，大学などの高等教育機関で実施されている技術者養成プログラムの認定機関に JABEE（Japan Accreditation Board for Engineering Education，日本技術者教育認定機構）がある．この認定を"情報および情報関連分野"の CS（Computer Science）領域で受けようとしたとき，図らずも，その領域で展開することを要求されている科目群が，実はこのライブラリそのものでもあった．これらはこのライブラリの普遍性を示すものとなっている．

① コンピュータサイエンス入門
② 情報理論入門
③ プログラミングの基礎
④ C 言語による 計算の理論
⑤ 暗号のための 代数入門
⑥ コンピュータアーキテクチャ入門
⑦ オペレーティングシステム入門
⑧ コンピュータネットワーク入門
⑨ コンパイラ入門
⑩ システムプログラミング入門
⑪ ヒューマンコンピュータ
　　インタラクション入門
⑫ CG と
　　ビジュアルコンピューティング入門
⑬ 人工知能の基礎
⑭ データベース入門
⑮ メディアリテラシ
⑯ ソフトウェア工学入門
⑰ 数値計算入門
⑱ 数値シミュレーション入門

　執筆者について書いておく．お茶の水女子大学理学部情報科学科は平成元年に創設された若い学科であるが，そこに入学してくる一学年 40 人の学生は向学心に溢れている．それに応えるために，学科は，教員の選考にあたり，Computing Curricula が標榜する科目を，それぞれ自信を持って担当できる人材を任用するように努めてきた．その結果，上記 18 巻のうちの多くを本学科の教員に執筆依頼することができた．しかしながら，充足できない部分は，本学科と同じ理念で開かれた奈良女子大学理学部情報科学科に応援を求めたり，本学科の非常勤講師や斯界の権威に協力を求めた．

　このライブラリが，我が国の高等教育機関における情報科学，情報工学，あるいは情報関連学科での標準的な教科書として採用され，それがこの国の情報科学・技術レベルの向上に寄与することができるとするならば，望外の幸せである．

2008 年 3 月記す

お茶の水女子大学名誉教授
工学博士　増永良文

まえがき

　コンピュータアーキテクチャとは，コンピュータをどのように構成して作るかを研究する分野で，コンピュータサイエンスの中核の1つとなります．従ってとても重要な授業科目のはずなんですが，どうも人気がない．特に女子学生には全く人気がありません．筆者は奈良女子大学理学部情報科学科（2014年度から奈良女子大生活環境学部情報衣環境学科生活情報通信科学コースに改組）で，2003年度からコンピュータアーキテクチャを学部2年生に教えているのですが，どうにも食いつきが悪い．そこで，何とか女子学生にもコンピュータアーキテクチャへの興味を持ってもらおうと試行錯誤した結果をまとめたのが本書となります．

　本書の第1章は準備のようなものなのでざっと読み飛ばしてもらえばいいです．第2章ではチューリングマシンからノイマン型コンピュータを語るという無謀な試みを行っています．それぞれの専門家に怒られそうですが，初学者にはとっつき易いと自負しています．第3章ではアセンブラなのですが，これは昔情報処理技術者試験の必須問題であったCAP-Xというアセンブリ言語を，さらに大胆不敵に簡略化した超簡単命令セット（SSIS: Super Simple Instruction Set）というのを使います．これを理解することで第5章以後の本書の中核部分の学習が容易になるはずです．第4章ではアドレス関連の内容で，コンピュータアーキテクチャの入門書として必要かと問われると，数秒固まってしまうくらい微妙なのですが，複雑なデータ構造をコンピュータに効果的に処理させるためにどのような工夫がなされてきたかを知ってもらうために書きました．第5章はCPUです．1チップにいくつもコアが搭載されている現状とはかけ離れていますが，基本的なところは網羅したつもりです．特にワレス木は丁寧に説明したつもりです．第6章はメインメモリとキャッシュメモリです．キャッシュメモリの最後の部分は入門書の範疇を超えていますが，筆者の思い入れの強い部分とご理解ください．第7章は仮想記憶という，これまた初学者にはとっつき難い内容ですが，できるだけ直観的に分かるように書きました．第8章ではバスをデータ通信網の一種という観点から説明してみました．パラレルバスから

まえがき

シリアルバスへの変化がなぜ起こったかということを理解して欲しいです．最後の章はコンピュータアーキテクチャの知識の利用という観点から考えてみました．実際，筆者が自分の研究で使う手法です．本書の内容は，半期 15 コマの授業で全てを教えるのは量的にちょっと難しいかもしれません．最初の 3 章と 5 章，6 章 $+\alpha$ くらいで入門には十分だと思います．

本書のベースとなる本は富田眞治先生の『コンピュータアーキテクチャ第 2 版（丸善）』です．実際，2003 年度から筆者が富田先生の本を使ってコンピュータアーキテクチャの授業を担当したのですが，どうにも受講生の食いつきが悪いのは上述の通りです．というわけで，本書は富田先生の本を分かり易く解説したという側面もあります．

第 3 章の章末問題に示すように，SSIS のシミュレータを公開しています．サイエンス社の Web ページ（www.saiensu.co.jp）から入手可能です．このシミュレータの作成にあたっては，研究室の学部学生の課題として 3 年かけて開発をしました．多分，まだまだバグがあると思うので，バグの報告やら要望は joe@ics.nara-wu.ac.jp までお送りください．できる限り対応しようと思います．

最後に本書執筆の機会を与えて頂いた増永良文先生と，なかなか執筆しない筆者に忍耐強くリマインドを送り続けてくれたサイエンス社田島さん，足立さんに深く感謝します．

2013 年 11 月

城　和貴

目　　次

第 1 章　情報の表現　　1

- 1.1　情報表現の基礎 2
- 1.2　情報の表現方法 3
- 1.3　数　値　表　現 6
- 1.4　各種の量に対する接頭辞と単位 10
- 1.5　コンピュータいろいろ 12
- 第 1 章の章末問題 15

第 2 章　計算モデルとコンピュータの構成　　17

- 2.1　コンピュータの起源 18
- 2.2　チューリングマシン 19
- 2.3　チューリングマシンによる計算 21
- 2.4　チューリングマシンの能力 24
- 2.5　ノイマン型コンピュータの構成 25
- 2.6　チューリングマシンからノイマン型コンピュータへ 28
- 2.7　ノイマン型コンピュータの基本動作 31
- 2.8　ノイマン型コンピュータでのプログラム実行 32
- 第 2 章の章末問題 34

第 3 章　アセンブリ言語と機械語　　35

- 3.1　コンピュータと言語 36
- 3.2　機　械　語 38
- 3.3　アセンブリ言語とアセンブラコード 38
- 3.4　超簡単命令セット 41
- 3.5　プログラム例 45

　　　　　　　　目　　次　　　　　　　vii

　　第 3 章の章末問題... 51
　　　　　コラム... 52

第 4 章　アドレス指定方式とアドレス命令形式　　　53

4.1　オペランドの指定... 54
4.2　アドレス修飾とアドレス指定方式................................. 55
4.3　アドレス命令形式... 58
4.4　アドレス命令形式の評価... 62
4.5　命令セット... 65
4.6　代数記法とスタックマシン....................................... 66
　　第 4 章の章末問題... 67

第 5 章　CPU　　　69

5.1　CPU とプロセッサ... 70
5.2　CPU の構成... 71
5.3　整数演算器... 73
　　　コラム... 82
5.4　浮動小数点演算器... 82
5.5　命令パイプライン... 87
5.6　マイクロプログラム方式... 91
5.7　縮 小 命 令... 95
5.8　RISC と CISC... 97
　　第 5 章の章末問題... 97

第 6 章　記 憶 装 置　　　99

6.1　記憶装置の歴史...100
6.2　記憶装置の分類と階層性...100
　　　コラム...101
6.3　メインメモリの構成と高速化.....................................108

6.4	キャッシュメモリの利用	112
6.5	キャッシュメモリの構成と管理	116
6.6	キャッシュメモリの階層性	126
	コラム	131
第6章の章末問題		132

第7章　仮想記憶方式　133

7.1	マルチタスク	134
7.2	仮想記憶方式	135
7.3	ページング方式	138
7.4	セグメンテーション方式	145
7.5	ページフレームの管理	147
7.6	TLB	152
	コラム	155
第7章の章末問題		156

第8章　バスと周辺機器　157

8.1	データ通信路	158
8.2	ネットワーク	162
8.3	バスの構成と高速化	163
8.4	割り込み	170
8.5	シリアルバス	173
第8章の章末問題		176

第9章　性能予測　177

9.1	闇夜のプログラム	178
9.2	プログラムの実行ステップ数を予測する	179
9.3	プログラムの実行性能を予測する	186
第9章の章末問題		192

目　　次　　　　　　　　　　　ix

章末問題解答例　　　　　　　　　　　　　　　　193

参　考　文　献　　　　　　　　　　　　　　　　199

索　　　引　　　　　　　　　　　　　　　　　　200

　本書を教科書としてお使いになる先生方のために，本書に掲載されている図・表をまとめた PDF を講義用資料として用意しております．必要な方はご連絡先を明記のうえサイエンス社編集部（rikei@saiensu.co.jp）までご連絡下さい．

　本書で使用している会社名，製品名は各社の登録商標または商標です．本書では，®と ™ は明記しておりません．

第1章
情報の表現

　本章ではコンピュータの仕組みを学ぶための予備知識を習得します．コンピュータとは情報を処理する機械ですが，その情報がどのような形で表されているかをまず説明します．一口に情報といっても，数値情報，文字情報，画像情報，音情報などさまざまな種類がありますが，それらがコンピュータ上でどのように表現されるかの説明です．また，それら情報の量を表す単位についても簡単に触れます．最後にコンピュータにはどのようなものがあるか，歴史的な経緯も踏まえて説明します．

●本章の内容●
情報表現の基礎
情報の表現方法
数値表現
各種の量に対する接頭辞と単位
コンピュータいろいろ

1.1 情報表現の基礎

アナログとディジタル　コンピュータで使われるデータはディジタル値のデータです．ディジタル値とは数えあげることのできる量で，通常は整数で表されます．これに対してアナログ値のデータとは連続値で表される量で，実数で表すことになります．例えば図1.1は音の波形を表していますが，時間軸に沿って値（音量）が連続的に変化しているのが分かります．この音のデータをコンピュータで扱えるようにするためには，ディジタル値に変換してやる必要があります．例えば図1.2(a)のように考えると，時間軸方向に等間隔で整数の値を取ることができ，ディジタルデータとなります．図1.2(b)は同じようにディジタル化したデータですが，時間軸方向の間隔が図1.2(a)よりも細かくなっており，元のアナログデータをより忠実に表現しています．

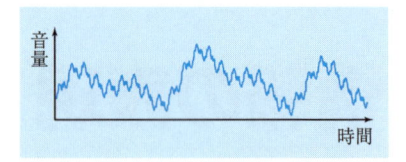

図1.1　ある音の波形

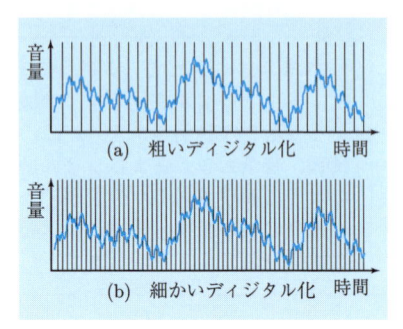

図1.2　ディジタル化

ビット　情報を表現するのに，ビット (bit) という単位を使います．1ビットは，情報があるかないかを表す場所（情報量）を意味します．図1.3(a)では，Aという情報が「ある」か「ない」かを表しています．ここの値が1であれば，「Aがある」，0であれば「Aはない」とします．図1.3(b)では，さらにBという情報も表せるように，2ビット分の場所が用意されています．

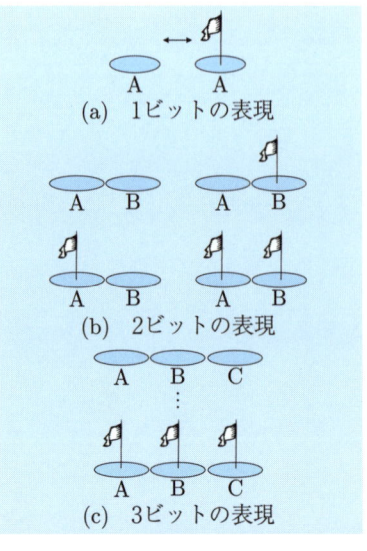

図1.3　情報の表現

ここで表せる情報量は，「A も B もない」，「A はないが B はある」，「A はあるが B はない」，「A も B もある」の 4 種類です．これを 0 と 1 とを使って表すと，「$A = B = 0$」，「$A = 0, B = 1$」，「$A = 1, B = 0$」，「$A = B = 1$」となります．もっと簡単に，00, 01, 10, 11 と表すこともできます．図 1.3(c) では，さらに C という情報も表せるように，3 ビット分の場所が用意されているので，ここで表せる情報量は，000, 001, 010, 011, 100, 101, 110, 111 の 8 種類となります．一般に，n ビットの情報量とは，2^n 種類の情報を表すことのできる量です．これは n 桁の 2 進数で表すことのできる数と言い換えることもできます．

1.2 情報の表現方法

ビット列　　図 1.1 の音のデータを，ディジタルデータでできるだけ正確に表すことを考えてみましょう．図 1.4 は図 1.1 のデータの一部を拡大表示したものです．拡大部分の音量値は，左から 196, 209, 226, 233, ..., 255, 254, 252, ... となっており，1,000 個の値が並んでいるとします．

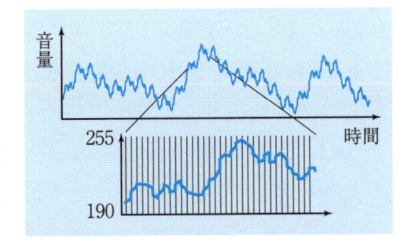

図 1.4　もっと細かいディジタル化

実は図 1.1 のデータは，$F(x) = 255 \times (f(x) + \min(f(x)))/(\max(f(x)) - \min(f(x)))$, $f(x) = 2\sin(0.01\pi x) + 1.5\sin(0.05\pi x) + \sin(0.1\pi x) + 0.5\sin(0.5\pi x) + 0.25\sin(\pi x) + 0.2\sin(5\pi x)$ で，x を 0 から 99.9 まで 0.1 刻みで作成した $F(x)$ の値なのです．この値は 0〜255 の範囲に入っていますので，いずれの値も 8 ビット（$2^8 = 256$）で表すことができます．コンピュータの中では，この 8 ビットというのはよく使われる量で，これを 1 バイト（B, Byte）といいます．従って図 1.4 の音のデータ量は 1,000 バイトとなり，8,000 個のビット列で表されるのです．

VGA と ASCII　　次に画像データがどのように表されるかを考えてみましょう．図 1.5 は写真を段階的に拡大していく様子を表しています．拡大図で分かるように，画像は画素で構成されます．各画素は濃淡に応じた値が入っています．図 1.5 のような白黒濃淡画像では，通常，0〜255 の値が入り，0 が黒，255 が白，その中間がグレーになります．つまり，各画素は 1 バイト（256 階調）で

表されます．カラー画像の場合は，RGB（赤緑青）それぞれに 1 バイトずつ使って表すので，各画素 3 バイトの情報量を持っていることになります．3 バイト（= 24 ビット）の情報量で表すことのできる色の数は $2^{24} = 16,777,216$ 種類になります．

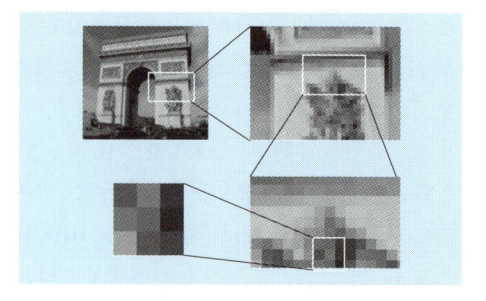

図 1.5 ディジタル画像の拡大

コンピュータのモニタ画面の解像度には規格があって，640×480 の解像度を VGA，800×600 を SVGA，1024×768 を XGA，1280×1024 を SXGA と呼びます．解像度とは画素の密度を表し，1 画素 3 バイトで VGA の解像度を持つモニタ上の画像は従って 921,600 バイトの情報量[†]であるといえます．図 1.6 は現在使われている主なモニタ解像度の一覧です．

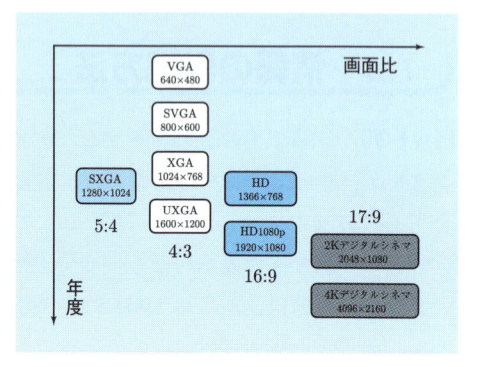

図 1.6 各種解像度の規定

コンピュータ上で表される情報には音や画像以外に文字があります．図 1.7(a) はアルファベットの A を 64×64 の解像度の画像で表しています．各画素は白か黒で表されているので 1 ビットの情報量となります．この解像度の画像なら英数字は全て表すことができるので，英数字 1 文字を表すのに必要な情報量は，64×64 ビット = 512 バイトとなります．これで 62 種類の英数字（a～z，A～Z，0～9）を表すには 62×512 = 31,744 バイトになり，情報量が多すぎるように思えます．

そこで解像度を図 1.7(b) のように 8×8 にすれば英数字 1 文字あたり 8 バイトで表せ，英数字全てを表すには 62×8 = 496 バイト必要なことになります．ところが，62 種類の情報を表す 2^n の最小の n は 6 ですので，英数字を表すに

[†] VGA（Video Graphics Array）の規格は 640×480 の解像度に加え，1 画素あたり 16 色（4 ビット）です．ここでは解像度の規定として使っています．

1.2 情報の表現方法

は 6 ビットあれば可能なはずです．実際，6 ビット使って 000000 は a，000001 は b，000010 は c のようにビット列との対応を決めてやれば英数字を全て表すことができます．表 1.1 では英数字以外にも記号やスペース，改行，タブなどを合わせて 8 ビットで主要な文字を表せるようにした表で，これを **ASCII**（American Standard Code for Information Interchange）セットといいます．ASCII セットで印字可能なものは 32（スペース）から 126（チルダ記号）までで，0 から 31 までと 127 は制御コードと呼ばれる特殊な文字です．例えば 127 には DEL（削除）が，10 には改行が割り当てられています．128 から 255 までは使われません．ASCII セットに入っている文字なら，1 文字 1 バイトで表すことができますが，ASCII セットに入っていない文字は表せません．コンピュータ上で日本語を表現するのには，71 種類の平仮名（五十音＋濁音＋半濁音）とカタカナ，7,000 種類弱の JIS 第 1 ならびに第 2 水準の漢字が必要になりますが，これらを表すために 2 バイトの **SJIS**（シフト JIS）や **EUC**（Extended Unix Code）が使われます．

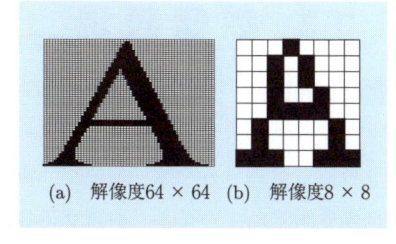

(a) 解像度 64 × 64　(b) 解像度 8 × 8

図 1.7　アルファベットの A

表 1.1　ASCII セットの一部

32	33	34	35	36	37	38	39	40	41	42	43	44	45	46	47
	!	"	#	$	%	&	'	(	)	*	+	,	-	.	/
48	49	50	51	52	53	54	55	56	57	58	59	60	61	62	63
0	1	2	3	4	5	6	7	8	9	:	;	<	=	>	?
64	65	66	67	68	69	70	71	72	73	74	75	76	77	78	79
@	A	B	C	D	E	F	G	H	I	J	K	L	M	N	O
80	81	82	83	84	85	86	87	88	89	90	91	92	93	94	95
P	Q	R	S	T	U	V	W	X	Y	Z	[	¥	]	^	_
96	97	98	99	100	101	102	103	104	105	106	107	108	109	110	111
`	a	b	c	d	e	f	g	h	i	j	k	l	m	n	o
112	113	114	115	116	117	118	119	120	121	122	123	124	125	126	127
p	q	r	s	t	u	v	w	x	y	z	{	|	}	~	

1.3 数値表現

整数の表現　コンピュータが使うディジタルデータは，ビット列で表現され，バイト単位で処理されます．前節で，画像データの各画素は 1 バイト（白黒 256 階調）や 3 バイト（カラー，16,777,216 色）が使われるという説明をしましたが，各画素は正の整数で表されています．コンピュータの扱うデータは，単なるビット列だけではなく，その形式に意味を持った**データ型**があります．

図 1.8 は整数を表す形式です．数学的には整数は無限に大きい，あるいは小さい値を持ちますが，コンピュータで整数を表すのに，普通は指定された形式，つまり取り得る値の範囲の決まった形で使います．一般に N ビット長で表される整数は，最上位の 1 ビットを**符号ビット**と呼び，残りの $N-1$ ビットが整数値を表します．

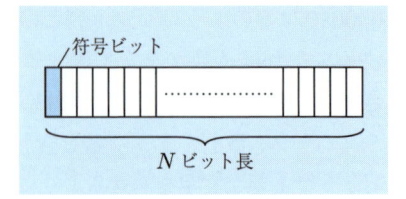

図 1.8　整数の表現

図 1.9　8 ビット整数

符号ビットを具体例で説明しましょう．図 1.9(a) は 8 ビットで表される整数を示しています．符号ビットがなければ，取り得る値は 0 から 255 の 256 種類の整数となりますが，このままでは負の整数を表すことができません．負の整数を表す時には，最上位のビットを符号ビットとして使い，値の表現には下位 7 ビット（$2^7 = 128$ 種類）を使います．図 1.9(b) にあるように，8 ビットの整数で 0 は 00000000，1 は 00000001，2 は 00000010 であるのに対し，-1 は 11111111，-2 は 11111110 と表されます．$1 + (-1)$ の計算をしてみると，

$$00000001 + 11111111 = (1)00000000 = 00000000$$

となり，最上位の (1) は 8 ビットの中に入らないので，無視されます．これを**桁あふれ（オーバーフロー）**と呼びます．

一般に，コンピュータで使われる整数には，8 ビット，16 ビット，32 ビット，

64 ビットの 4 種類があります．N ビット符号あり整数は，$-2^{N-1} \sim 2^{N-1}-1$ の値を取ります．

補数　8 ビット整数で，2 は 00000010 と表されるのに，-2 は 11111110 となることに違和感を覚える人は多いでしょう．最上位ビットを符号とするなら，-2 は 10000010 の方が人間には理解しやすいでしょう．ところが，$2+(-2)=0$ とならなければならないのに，この負の数の表現方法だと，

$$2+(-2) = 00000010 + 10000010$$

となってしまい，普通に計算できません．正しく計算するには，「符号ビットが異なる 2 数の和を求めるには，符号ビットを除去して差を計算する」のような特別なルールを作らなければなりません．ならば，任意の 2 進正整数に対して，ある 2 進整数を足すとゼロになるような数を，元の数の符号を反転させた負数であるとすればどうでしょうか？　つまり，

$$2+(-2) = 00000010 + xxxxxxxx = 00000000$$

となるような 2 進数を見つければいいのであり，それが 11111110 なのです．実際，

$$00000010 + 11111110 = 100000000$$

となり，右辺は 9 ビット長となってしまい，最上位ビットは無視される（桁あふれする）ため，ゼロになります．

　一般に，任意の n 桁の 2 進数 X に対して，ある 2 進数 Y を足せば $n+1$ 桁の最小の数（$100\cdots00$）になる時，Y は X の **2 の補数**といいます．また，任意の n 桁の 2 進数 A に対して，ある 2 進数 B を足せば n 桁の最大の数（$111\cdots11$）になる時，B は A の **1 の補数**といいます．コンピュータで使われる負の整数は，従って，2 の補数なのです．

　例として，8 ビット 2 進数 00001010（10 進数で 10）の 2 の補数を求めてみましょう．

$$0000\ 1010 + xxxx\ xxxx = 1\ 0000\ 0000$$

となればいいわけですから，00001010 の 2 の補数は 11110110 となり，これが 10 進数で -10 となるわけです．同様に 1 の補数は

$$0000\ 1010 + xxxx\ xxxx = 1111\ 1111$$

となればいいわけですから，00001010 の 1 の補数は 11110101 となります．こ

こで，00001010 の 1 の補数は 00001010 の各ビットが反転したものであることに注意してください．これは一般にもいえることです．さらに，00001010 の 1 の補数に 1 を足したものが 00001010 の 2 の補数になることにも注意してください．これも一般にいえることです．

図1.10 は，2 進数とその 1 の補数ならびに 2 の補数の求め方についてまとめたものです．

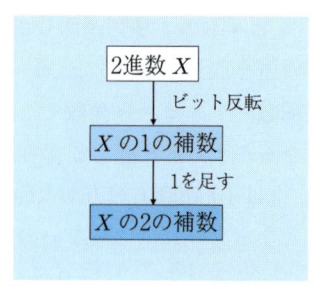

図1.10　補数の求め方

実数の表現　コンピュータで使う数には整数の他に実数があります．実数は有理数（整数の比で表される数）と無理数（整数の比では表されない数）に分かれています．有理数の中でも $3/5 = 0.6$ とか，$1/8 = 0.125$ のように小数で表した時に桁数が有限であるものはいいのですが，$1/9 = 0.111111\cdots$ などのように割り切れない数は小数の桁数が無限に大きくなります．また，無理数はそもそも小数で表そうとしても，$\sqrt{2} = 1.41421356\ldots$ と，これも無限小数になってしまいます．無限小数を正確に表現するには，無限のメモリが必要になるため，コンピュータで実数を表現するには，有限のビット列で近似した有限桁の小数で表すことになります．コンピュータで整数を表すにはどれくらい大きい（小さい）値まで表すかによって，8 ビット，16 ビット，32 ビット，64 ビットの 4 種類から選びましたが，小数を表す場合，どれくらい大きい（小さい）かに加えて，どれくらい正確に表すかも考えなければなりません．そのため，小数は**指数表記**で表されます．

$$12345678900000000 = 1.23456789 \times 10^{16}$$
$$0.0000000123456789 = 1.23456789 \times 10^{-8}$$

上記はいずれも 10 進数による指数表記（右辺）への変換例です．このように表すことでメモリが節約できるわけです．指数表記の乗算の左側を**仮数部**，右側を**指数部**と呼びます．

図1.11 はコンピュータのメモリ上に指数表記の小数がどのように格納されるかを表していますが，指数部は小数の大きさを，仮数部は小数の正確さを表します．小数には**単精度**（32 ビット：符号部 1 ビ

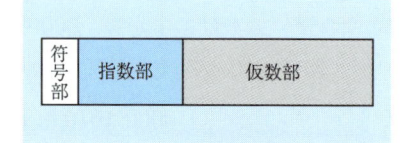

図1.11　小数の構成

1.3 数値表現

ット，指数部 8 ビット，仮数部 23 ビット）と**倍精度**（64 ビット：符号部 1 ビット，指数部 11 ビット，仮数部 52 ビット）があります[†]が，表現される値は次のようになります．

$$(-1)^{符号部} \times 2^{(指数部-127)} \times (1.仮数部) \quad \cdots \quad 単精度$$

$$(-1)^{符号部} \times 2^{(指数部-1023)} \times (1.仮数部) \quad \cdots \quad 倍精度$$

例えば，625 という値を指数表記で表すと 6.25×10^2 となりますが，これが具体的にどのようなビット列の形でメモリに格納されているかを考えてみましょう．$625_{(10)} = 1001110001_{(2)}$ ですから[††]，

$$10\ 0111\ 0001 = (-1)^0 \times 2^{(9)} \times 1.001110001$$
$$= (-1)^0 \times 2^{(10001000-1111111)} \times 1.001110001$$

となり，符合部 0，指数部 10001000，仮数部 00111000100000000000000 ですから，結局メモリ中で 625 は 01000100000111000100000000000000 という 32 ビット列で表されることが分かります．このようにコンピュータで使う実数は，小数点が右や左に動くことから，**浮動小数点数**と呼ばれます．

2 進数の小数　　2 進数で小数を表せるということに驚いたでしょうか？ コンピュータは 2 進数で計算をしているということは知っていても，小数まで 2 進数だというのは想定外だった人が多いと思います．ここで 2 進数と 10 進数のことを少し詳しく説明しましょう．与えられた 2 進整数を 10 進整数に変換するには次の公式を使います．左辺が 2 進数で b_i は 0 か 1 の値を取ります．

$$b_n b_{n-1} b_{n-2} \cdots b_2 b_1 b_0$$
$$= b_n 2^n + b_{n-1} 2^{n-1} + b_{n-2} 2^{n-2} + \cdots + b_2 2^2 + b_1 2^1 + b_0 2^0$$

従って，与えられた 10 進数を 2 進数にするには，2 で割った余り（0 か 1）を右から左に書き出していけばいいわけです．

与えられた 2 進小数を 10 進整数にするにはまったく同じようにします．

$$0.b_{-1} b_{-2} \cdots b_{m-1} b_m = b_{-1} 2^{-1} + b_{-2} 2^{-2} + \cdots b_{m-1} 2^{m-1} + b_m 2^m$$

従って，与えられた 1 より小さい 10 進小数を 2 進小数にするには，2 を掛けた積の 1 の位を小数点第 1 位に，その積の小数部分にさらに 2 を掛けた積の 1 の位を小数点第 2 位に，というようにして求めます．例えば 0.625 を 2 進数にす

[†] 128 ビットの倍々精度というのも稀に使われることがあります．
[††] $X_{(n)}$ は n 進数で表される X という意味です．

るには，

$$0.625 \times 2 = 1.25 \quad : \quad 2進小数第1位 1$$
$$0.25 \times 2 = 0.5 \quad : \quad 2進小数第2位 0$$
$$0.5 \times 2 = 1.0 \quad : \quad 2進小数第3位 1$$

ですから，$0.625_{(10)} = 0.101_{(2)}$ となります．

1.4 各種の量に対する接頭辞と単位

　コンピュータの世界では日常の生活ではあまり使われないさまざまな接頭辞や単位があります．例えばバイトやビットなどは普通にはあまり使わない単位です．接頭辞の方は，例えば1kmとか1mmのようにキロ（千倍）やミリ（千分の一）などは使いますが，ナノという接頭辞が具体的に何分の一を表すものかはあまり知られていないと思います．本節ではコンピュータで使われるさまざまな接頭辞や単位について説明します．

接頭辞　　まず接頭辞ですが，コンピュータの世界では，時間を表すには小さな量を表す接頭辞，容量を表すには大きな量を表す接頭辞を使います．表1.2は現在あるいは近い将来使われるであろう接頭辞の一覧です．ミリとかキロとかは日常的に使われますが，マイクロとかメガはあまり使われないかと思います．これがナノとかギガになると，コンピュータの世界でしかあまり使われないでしょう．フェムトとかペタとかは，現在の最先端のスーパーコンピュータの想定する接頭辞だと考えてください．つまり，1フェムト秒の時間に数回の加算や乗算を行う，あるいは1秒間に数ペタ回の計算を行うという具合です．このようなスーパーコンピュータでは，数ペタバイトの容量のメモリやハードディスクを持ちます．アトとかエクサは，次世代のスーパーコンピュータが想定する接頭辞です．以後は接頭辞および単位は記号で表すことにします．

表 1.2　さまざまな接頭辞

a	f	p	n	μ	m	k	M	G	T	P	E
アト	フェムト	ピコ	ナノ	マイクロ	ミリ	キロ	メガ	ギガ	テラ	ペタ	エクサ
10^{-18}	10^{-15}	10^{-12}	10^{-9}	10^{-6}	10^{-3}	10^3	10^6	10^9	10^{12}	10^{15}	10^{18}

性能の単位　次にコンピュータの性能，特に計算速度を表す単位について説明します．1 秒間に 100 万回の命令を実行できるコンピュータの性能のことを 1 **MIPS**（Mega Instruction Per Second，ミップス）と表します．同様に 1 秒間に 10 億回の命令を実行する性能を 1 **GIPS**（ギップス）と表します．また，1 秒間に 100 万回の浮動小数点演算命令を実行できるコンピュータの性能のことを 1 MFLOPS（Mega FLoating Operation Per Second，メガフロップス），10 億回の浮動小数点演算命令を実行する性能を 1 GFLOPS（ギガフロップス）と表します．

これらの単位は十数年前まではよく使われていましたが，現在はあまり使われません．現在使われるのは次に説明する **SPEC** ですが，例外的にスーパコンピュータだけは FLOPS が使われることもあります．2002 年に完成した当時世界最速のスーパコンピュータである地球シミュレータは，40 TFLOPS の性能を誇っていました．また，2011 年に完成した次世代スーパコンピュータ京の性能は 10 PFLOPS で，1.28 PB のメモリを搭載しています．

現在コンピュータの性能を表すのに使われる SPEC とは，Standard Performance Evaluation Corporation（標準性能評価法人）の略で，コンピュータの用途に合わせた性能の尺度なのです．MIPS は漠然と 1 秒間の命令実行回数で性能を表しましたが，1 MIPS のコンピュータだからといって，1 秒間に 100 万回の命令が保障されているわけではありません．何故ならコンピュータの命令実行時間は，その命令の種類によって異なるからなのです．実際，20 年ほど前のコンピュータでは，整数演算と小数演算では処理速度が何十倍も違ったのです．科学技術計算を行うコンピュータは小数演算を多用するため，MIPS 値で性能を見積もっていては仕事にならないため，FLOPS が考案されました．SPEC はこの考え方を進めたもので，整数演算性能用に SPECint，小数演算性能用に SPECfp，プロセッサの性能を表すのに SPECcpu，高性能計算用に SPEChpc とさまざまなものが考案され使われています．変わったところでは，Web サーバの性能を表す SPECweb だとか，Java のプログラムの実行性能を表す SPECjvm というのまであります．

1.5 コンピュータいろいろ

　本節では，コンピュータにはどのようなものがあるか，昔のものから最新のものまで紹介します．さまざまな種類のコンピュータがありますが，これらが全て次章で出てくるノイマン型コンピュータと呼ばれるものなのです．

汎用機とミニコン　　コンピュータが商用で現れたのは 1950 年代ですから，半世紀も前のことです．この頃のコンピュータは当然のことながら極めて高価であり，普通の人は見ることすらありませんでした．中でも IBM 社が 1964 年に発表した IBM360 は，以後 15 年間に渡って IBM 社の主力製品になるほど売れました．この時代には IBM 社だけではなく，コンピュータ会社が次々と生まれ，大規模なコンピュータを開発しては販売していました．そのような大規模なコンピュータのことを**汎用機**と呼ぶことがあります．汎用機は企業におけるさまざまな業務で使われるようになっていきました．

　一方で，科学技術分野においてもコンピュータは必要でしたが，汎用機を大学や研究所が持つには，あまりに高額であったため，1970 年代になってミニコンピュータ（ミニコン）と呼ばれる安価なコンピュータが出現しました．ミニコンの代表的なものに DEC 社の PDP シリーズがあります．PDP シリーズのミニコンは大学や研究所で数値計算をするのによく使われました．値段的な理由もあるのですが，それ以上に汎用機にはない利便性が当時の利用者を惹き付けたのでしょう．ちなみに OS の UNIX は PDP シリーズ上で開発されたのです．ミニコンは 1980 年代になると高性能化し，スーパーミニコンと呼ばれるようになりました．同じく DEC 社の VAX 11 シリーズが代表的なものです．VAX 11 は 7.2 節で説明する**仮想記憶**を採用した初のコモディティマシン（一般に広く使われるコンピュータ）としても知られています．

ワークステーションとパソコン　　汎用機からより安価な利便性の良いミニコンが生まれたように，ミニコンからさらに安価で利便性の良い**ワークステーション**が生まれました．汎用機は非常に多くの人が使うのに対し，ミニコンは少人数の人が使うものでしたが，ワークステーションは個人が使うものとして開発が行われました．1980 年代中頃から一般的になってきたワークステーションは，

ビットマップディスプレイ[†]とマウスを装備し，**GUI**（Graphical User Interface）を採用していたのが特徴でした．1980年代終盤から1990年代初めにかけて，ワークステーションは5.8節で説明するRISCと呼ばれる方式のCPUを使うことで，爆発的に普及していきました．代表的なワークステーションとしてサン・マイクロシステムズ社のSun-4シリーズがあります．

　パーソナルコンピュータ（パソコン，PC）が登場したのは1970年代中頃で，我が国で本格的に出回ったのは1980年前後のことでした．米国ではさまざまなパソコンの登場の後，1980年初頭にはIBM社がパソコン市場に参入し，1984年にはそれ以後の実質的な標準機であるPC/ATが販売されました．PC/ATはOSにマイクロソフト社のMS-DOS（後にWindows）を採用し，マウスこそありませんでしたが，グラフィックスディスプレイを装備した安価で高性能なコンピュータとして爆発的にシェアを増やしていきました．1990年にWindows 3.0が出現すると，GUIを利用するためのマウスの使用が普通になってきました．これはその数年前のワークステーションに迫る機能でもあり，以後パソコンのシェアは拡大を続けて現在に至っています．一方，我が国のパソコンは日本語処理の問題があって，1990年代初頭まではNEC社のPC-9800シリーズが圧倒的な市場を握っていましたが，PC/AT互換機とWindowsという組み合わせが支配的になるにつれシェアを落としていきました．

スパコン　　モータースポーツのF1では世界中の自動車メーカが巨額の開発費を投じて新しいエンジンを作り上げてきました．F1に出場するような車はそのまま公道を走ることはできないのに，巨額の開発費を使ってF1に参入するのは，その技術を一般の車に転用することができるし，何よりも企業イメージが向上するからなのです．コンピュータの世界でも同じようにスーパコンピュータ（**スパコン**）という，その時点での最高峰の技術を導入して開発する超高性能のコンピュータがあります．黎明期のスパコンである[††]クレイ・リサーチ社のCray-1があります．Cray-1は5章で説明する演算パイプラインという手法を本格的に採用した商用のスパコンです．

[†] グラフィックスを自由に描画できるディスプレイのことです．それ以前のディスプレイではASCII文字しか表示できないものが多数でした．

[††] どのスパコンが世界初かというのでいろいろと議論がありますが，1976年に販売されたCray-1は非常に有名なので世界初といってもよいでしょう．

我が国では，1980年中ごろから国産のスパコンが戦略的に開発され，1990年前後には我が国のスパコンが世界市場で優位になり，米国では日本製のスパコンの輸入が政治問題になるほどでした．ところがバブル経済崩壊を経て1990年代半ばには我が国のスパコン開発は衰退し，90年代後半には我が国の高性能なスパコンはすっかり姿を消してしまいました．これに危機感を持った政府は1998年から新たなスパコンを開発することを決定し，2002年に地球シミュレータと呼ばれるスパコンを完成させました．1秒間に40兆回もの演算（40TFLOPS）を行える地球シミュレータは，以後2年半の間，世界最高速のスパコンの座につきましたが，2004年秋にIBM社のスパコンに首位の座を奪われてしまいました．そこで政府は再び最高性能のスパコンを開発することを2005年に決定し，2006年より開発の始まったスパコン京は2011年に一応の完成を見て，6年半ぶりに世界1位の座を奪回しました．しかしこの1位の座も長くは続かず，1年後には再びIBM社のスパコンに抜かれてしまい，次世代スパコン開発の機運が高まりつつあります．

ゲーム機と携帯電話　現在コンピュータは我々の日常生活に欠かせないものとなっています．例えば2006年に発売された家庭用のゲーム機であるPlayStation3には，Cell Broadband Engineと呼ばれる高性能のプロセッサを搭載しており，その演算能力は約200 GFLOPSと，その10年ほど前の最高性能のスパコンと同等の性能を有しています．PlayStation3以後の家庭用ゲーム機は，インターネットに接続してオンラインゲームを楽しんだり，ブルーレイ映像を見たりできるので，機能的にはパソコンと変わらなくなってきています．

　同じように携帯電話も本来の電話機能以外に，インターネットへの接続やワンセグなどの映像が利用できます．多くの携帯電話に搭載されているプロセッサは，性能的には10年程前のパソコンに搭載されていたものと同じくらいなのですが，携帯電話には消費電力の制限があることを考えると，実はすごいことなのです．地球シミュレータやスパコン京は，高性能の分だけ電力を消費します．どれくらい消費するかというと，専用の発電所が必要なくらい消費するのです．これに対して携帯電話のプロセッサは，1ワットあたりどれくらい性能を出せるかという観点で設計されるので，スパコンとは反対の設計思想で開発されているわけです．

スマートフォンとタブレット　インターネット接続が可能になった携帯電話は数多くの機能を有し，多機能・高機能携帯電話と進化していきました．これらの情報携帯端末は**スマートフォン**と呼ばれるようになり，2007年にアップル社から発売されたiPhoneや2008年頃から各社で発売されたAndroid OS搭載のものが広く使われるようになりました．一方，ノートパソコンの小型化軽量化は**タブレットPC**と呼ばれるタッチパネルを入力デバイスとして備えた新たな情報携帯端末を生み出し，2010年にアップル社の発売したiPadは爆発的に普及しつつあります．この動きに連動して，Android OS搭載のタブレットPCも急速に広まりつつあります．これら情報携帯端末とクラウドコンピューティングが今後のコンピュータアーキテクチャの中心になっていくものと予想されます．

第1章の章末問題

問題1　次の符号付き16ビット2進数（16進表示）のうち，4倍すると桁あふれが生じるものはどれか．

　ア）1FFF
　イ）DFFF
　ウ）E000
　エ）FFFF

問題2　8ビット符号あり整数で36の2の補数を求め10進，2進表記せよ．

問題3　$20 \div 32$ を2進数表記で計算し，答えを正規化した指数表記で示せ．

問題4　10進数の0.375を2進数に変換せよ．

問題5　1 MIPSのコンピュータと1 MFLOPSのコンピュータではどちらが性能が上といえるか？

第2章
計算モデルと
コンピュータの構成

　本章ではコンピュータがどのようにして生まれてきて，それがどのようにして現在のアーキテクチャ（構成）になったのかについて語ります．本章の主題はチューリングマシンとノイマン型コンピュータの理解なのですが，後者はともかく前者は計算理論という研究分野の内容で，コンピュータアーキテクチャの範疇にはあまり入りません．しかしながら，コンピュータが必要とされた経緯から計算の理論が生まれ，それをベースにして実際のコンピュータが作られてきたというストーリーだと初学者にとっつき易いのではと思い，書いてみました．

●本章の内容●
コンピュータの起源
チューリングマシン
チューリングマシンによる計算
チューリングマシンの能力
ノイマン型コンピュータの構成
チューリングマシンからノイマン型コンピュータへ
ノイマン型コンピュータの基本動作
ノイマン型コンピュータでのプログラム実行

2.1 コンピュータの起源

コンピュータの起源は何かというと，古代のそろばんが思いつくでしょうし，機械に計算させるという観点からすれば，17世紀にパスカルが考案したパスカリーヌという歯車で計算を行う機械もあります．プログラミングができなければコンピュータとはいえないという観点からだと，19世紀にバベジが考案した階差機関もあります．このように人類は古くから計算を速く正確に実行してくれる機械を必要としてきました．では何故コンピュータが必要だったのでしょうか？

いうまでもなくコンピュータは計算を速く正確に実行してくれるものなのですが，現代社会において我々はどんなにコンピュータに依存しているかを実感している人は少ないでしょう．例えば公共事業でさまざまなインフラが整備されますが，その設計工程においてコンピュータはなくては

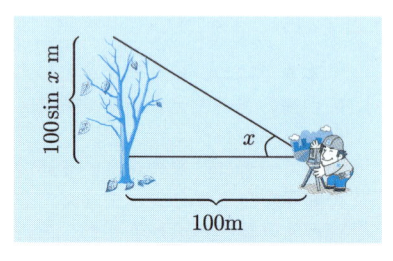

図 2.1 三角関数を使った測量

ならないものなのです．コンピュータがなかった時代，例えば産業革命の頃，建造物の設計図を作成するのに，現在もそうですが，三角関数は必須でした．図 2.1 のように測量した任意の値で三角関数を計算するには，テイラー展開を使って $\sin x = x/1! - x^3/3! + x^5/5! - x^7/7! + \cdots$ を計算します．正確に求めるには無限級数を計算しなければなりませんが，多くの場合，5次か7次までの計算で近似値として $\sin x$ の値を使います．この計算を手計算で行うと，膨大なコストがかかる上，1箇所でも計算を間違えていると全体の設計が狂ってしまい，大きな損益が出てしまいます．こういう切実な需要があったからこそ，20世紀に入ってコンピュータ研究開発が活発になったと考えられます．

このように，コンピュータは計算を速く正確に自動的に実行するために出現してきたわけですが，上の $\sin x$ の計算のように計算手順の分かっている問題は，全て「計算する機械」が自動的に計算してくれる保証はあるのでしょうか？つまり，計算手順は分かっていても，それを正しく計算してくれるかどうか分からない「計算する機械」はあまり意味がないのです．

現在のコンピュータにはそのような保障があります．現在のコンピュータで

は，解の存在する問題はコンピュータ上で必ず実行できます．これは計算理論と呼ばれる研究分野で証明されていることであり，そのような理論的保障があったからこそ，数多くのコンピュータが開発されてきたわけです．次節ではその保証について簡単に説明します．

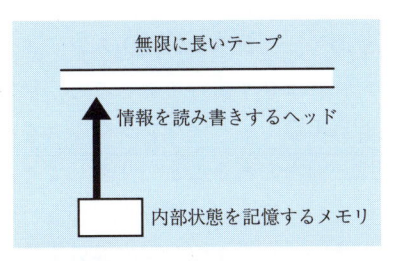

2.2 チューリングマシン

チューリングマシン（TM）とは，計算の実行手順を抽象的に表現した仮想的な「計算する機械」で，1930年代にアラン・チューリングによって考案されました．この仮想的なコンピュータを使って，さまざまな計算の可能性について研究する分野は計算理論といい，チューリングマシンのように数学の理論で裏付けされた計算モデルがなければ，現在のコンピュータは随分と変わったものになっていたでしょう．計算モデルは数学の記述で表現されるため，コンピュータアーキテクチャとはあまり関係ないと思われがちです．しかしながら，現在のコンピュータが動く基本的なしくみはチューリングマシンでちゃんと記述されており，本書ではチューリングマシンの動き方から現在のコンピュータの構成を説明しようと思います．

図2.2はチューリングマシンを表しています．図に示されているように，チューリングマシンはテープ，ヘッド，メモリ[†]で構成されます．チューリングマシンの動作は次に示すように非常に簡単です．

- ヘッドを右か左に1つ移動する
- ヘッドの位置の情報を読みとる
- ヘッドの位置に情報を書き込む
- メモリの状態を変える

図 2.2　チューリングマシン

無限に長いテープにはマス目があり，データを読み書きすることができます．データは数値であっても文字であってもいいのですが，ここでは整数としましょう．ヘッドはテープの上を右もしくは左に1マス目ずつ動くことができ，テー

[†] チューリングマシンの構成をテープ，ヘッド，制御部とする場合もあります．ここでいうメモリと制御部の本質的な違いはありません．

プの当該マス目で整数値を読み込んだり書き込んだりします．ヘッドは**内部状態**を表すメモリに接続してあり，テープから読み込んだ値をそのままメモリに書き込んだり，何かしらの演算を行ってから書き込んだり，逆にメモリの値をテープに書き込んだりします．

　内部状態というのは，チューリングマシンの動きを規定するもので，特定の状態の時に特定の値が与えられると，あらかじめ定められた動きをします．図 2.3 では，丸印が状態を，矢印が状態の遷移を表しているのですが，最初の内部状態が 1 である時に，入力として 2 が与えられれば状態が 3 に，-1 が与えられれば状態は 0 に，0 が与えられれば状態は変わらない，という規定を表しています．このようにチューリングマシンは状態を遷移させることにより，さまざまな計算を可能としています．

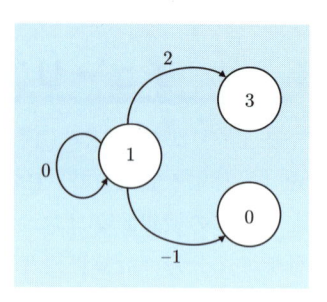

図 2.3　状態遷移

　チューリングマシンの状態遷移の詳細については本書では触れませんが，チューリングマシンでは初期状態と**状態遷移**の規則を与えれば，必ず実行できるという数学的な証明がなされています．状態遷移の規則とは計算の手順に相当しますので，これを言い換えると，チューリングマシンは計算手順と初期値が与えられれば必ず実行できることが保障されているわけです．ここで，与えられた計算手順でチューリングマシンを実行することと，最終的な解に到達することは，別物であることに注意してください．無限級数を計算する手順は分かっていても，無限回の演算を行わなければ解は得られないわけです．これらのことをチューリングマシンの性質を表す重要な 2 つの定理で示します．

- 解が存在する問題は全てチューリングマシン上で実行することが可能
- 有限回の演算で停止できない問題が存在

2.3 チューリングマシンによる計算

本節ではチューリングマシンが具体的にどのように計算を行うかを説明します．図 2.4 のチューリングマシンは現在のヘッド位置とその 1 つ右のマス目のテープの値がともに 1 の状態にあります．ここで次のようなチューリングマシンの動かし方を与えたとします．ただし，内部状態の値を R で表し，内部状態を変えるための**加算器**がついているものとします．

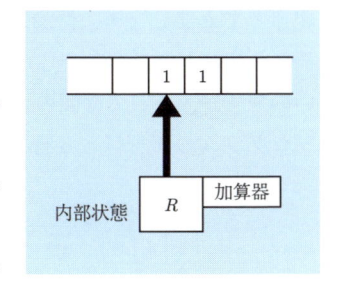

図 2.4 単純な計算例

1. ヘッド位置の値を読み込む（$R = 1$）
2. ヘッドを右に 1 マス移動する
3. ヘッド位置の値と R を足して新しい R の値とする
4. ヘッドを右に 1 マス移動する
5. ヘッド位置に R を書き込む

チューリングマシンをこのように動かせば $1 + 1$ の計算を行って，その結果を 3 マス目のテープ位置に書き出すことが分かります．

次にもう少し複雑なチューリングマシンの動作例を考えてみます．1 から 10 までの自然数の和を求めるには，C 言語ならば次のように書くことができます．

```
a=1;
b=10;
c=0;
for (i=a;i<=b;i++)
    c+=i;
```

チューリングマシンでこの動きを追ってみることにしましょう．ただし，このチューリングマシンには加算器に加えて比較演算を行う比較器（論理演算器）がついています．プログラムの最初の行は次のようになります．

i. 内部状態 R を 1 にする
ii. ヘッドをテープ位置 a まで動かす
iii. R をテープ位置 a に書き込む

22　　　第 2 章　計算モデルとコンピュータの構成

　このように，変数への値の代入はチューリングマシンで簡単に記述できます．では，最初の 3 行の代入文が実行された後のプログラムをチューリングマシンで記述してみましょう．図 2.5(a) はプログラムの最初の 3 行を実行した直後のチューリングマシンを表しています．変数 a, b, c, i はテープのどこにあってもいいのですが，ここでは図のように i, c, a, b の順に隣接する場所にあるとします．プログラムの 4 行目と 5 行目はチューリングマシンで次のように実行されます．

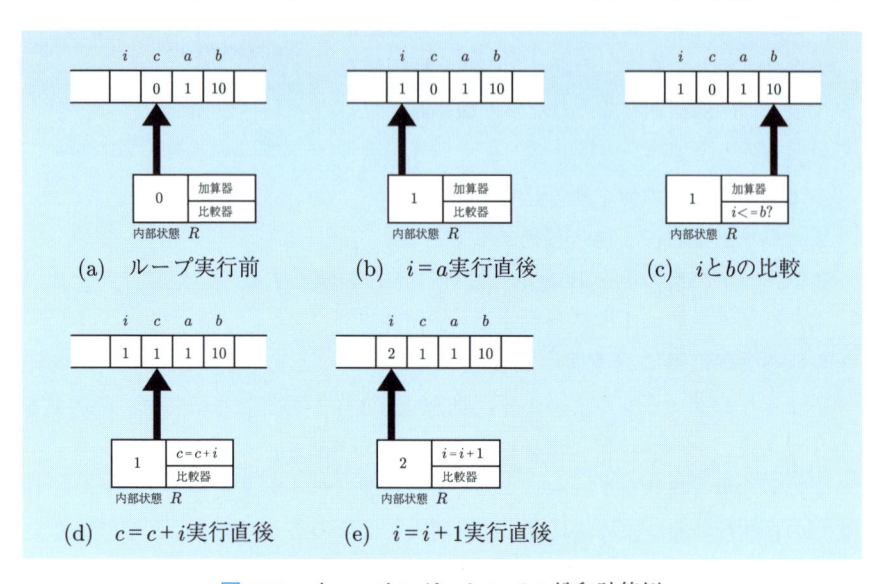

(a)　ループ実行前
(b)　$i = a$ 実行直後
(c)　i と b の比較
(d)　$c = c + i$ 実行直後
(e)　$i = i + 1$ 実行直後

図 2.5　チューリングマシンでの総和計算例

1. ヘッドをテープ位置 a まで動かす
2. テープ位置 a の値を R に読み込む
3. ヘッドをテープ位置 i まで動かす
4. R をテープ位置 i に書き込む（図 2.5(b)）
5. ヘッドをテープ位置 b まで動かす
6. テープ位置 b に書かれてある値と R の値を比べて（図 2.5(c)）R の値の方が大きければ命令 15 に飛ぶ
7. ヘッドをテープ位置 c まで動かす
8. テープ位置 c に書かれてある値と R の値を足したものを新しい R の値とする

2.3 チューリングマシンによる計算

9. R をテープ位置 c に書き込む(図 2.5(d))
10. ヘッドをテープ位置 i まで動かす
11. テープ位置 i の値を R に読み込む
12. R の値を 1 増やす
13. R をテープ位置 i に書き込む(図 2.5(e))
14. 命令 5 に飛ぶ
15. プログラムを停止する

チューリングマシンをこのように動かせば 1 から 10 までの自然数の和を計算することができます.図 2.5(a)〜(e) では,b, c, i のテープ位置に何度も読み書きが必要になるのですが,図 2.6 のような内部状態を複数(R_1, R_2, R_3, R_4)持つチューリングマシンを使えば,チューリングマシンの動作は次のように簡略化[†]されます.

1. R_1 を 1 にする
2. R_2 を 10 にする
3. R_3 を 0 にする
4. R_4 を R_1 の値にする
5. R_4 の値と R_2 の値を比べて R_4 の値の方が大きければ命令 9 に飛ぶ
6. R_3 の値と R_4 の値を足したものを新しい R_3 の値とする
7. R_4 の値を 1 増やす
8. 命令 5 に飛ぶ
9. プログラムを停止する

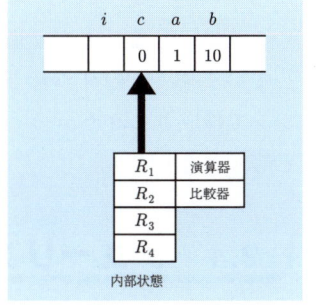

図 2.6 複数の内部状態を持つチューリングマシン

図 2.6 のような内部状態を複数持つチューリングマシンは,内部状態を 1 つしか持たない基本的なチューリングマシンと理論的には等価であることが知られています.さらに複数のテープや複数のヘッドを持つようなチューリングマシンも基本的なチューリングマシンと等価であることも知られています.

図 2.7 は図 2.6 のチューリングマシンを 4 つ並べたもので,互いに呼び出すことができるものとします.「呼び出す」とは,いくつかの値を入力値として与

[†]プログラムが短く簡潔になったのに加えて,プログラムの実行速度が上がります.

えて TM_k を起動させ，計算結果を出力値として受け取ることを意味しています．図 2.7 のチューリングマシンを使うことで，次のような処理を行うことができます．ただし，ここでは TM_i が TM_j を呼び出した時に，TM_i の R_i が TM_j に渡され，TM_j の計算結果は TM_i の R_i に格納されるものとします．

1. I_1 を R_2 に読み込む
2. TM_2 を起動する
3. テープを右に移動
4. I_2 を R_3 に読み込む
5. TM_3 を起動する
6. テープを右に移動
7. I_3 を R_4 に読み込む
8. TM_4 を起動する

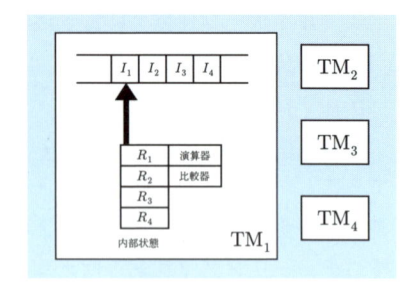

図 2.7 複数のチューリングマシンで構成されるチューリングマシン

これはいうまでもなく関数の実行を表しています．この 4 つのチューリングマシンで構成されるチューリングマシンも理論的には基本のチューリングマシンと等価となります．

2.4 チューリングマシンの能力

　前節の最後で説明した 4 つのチューリングマシンで構成されるチューリングマシンが基本のチューリングマシンと等価であるというのは，万能チューリングマシンという考え方にもとづくものです．万能チューリングマシンというのは，他のどのようなチューリングマシンをも正確に真似することのできるチューリングマシンで，これは基本のチューリングマシンと等価であることが証明されています．実は 2.2 節で説明した「解が存在する問題は全てチューリングマシン上で実行することが可能」というのは，このことを意味しているのです．では解の存在するあらゆる問題は全てチューリングマシンで解けるかというと，これも最初に説明したように，「有限回の演算で停止できない問題が存在」するわけです．

　有限回の演算で解くことのできない問題があるというのは，チューリングマシンの能力が低いということを意味するのではありません．解が存在する問題

ならどのような問題でも，チューリングマシンで好きなだけ演算を実行することで，いくらでも厳密解に近い解（近似解）を求めることができる，ということを意味するのです．そして，より厳密解に近い解を得るためには，より速いコンピュータが必要になるわけです．このようにして，コンピュータの高性能化というゴールの見えない研究分野が出現したのです．

2.5 ノイマン型コンピュータの構成

前節までで説明したチューリングマシンは，現在のコンピュータが正しく動くという理論的な保証を与えてくれるものですが，この理論からどのように実際のコンピュータを設計するかというのは難しい問題です．この難問に答えを出し，以後半世紀以上に渡って現代まで続くコンピュータの構成方法を考案したのはフォン・ノイマンという天才でした．ノイマンは，コンピュータの構成は次の4つの要件を守るべきだとしました．

- 簡単な**機械命令**セット
- **プログラム内蔵方式**
- **逐次制御方式**
- **線形記憶**

当時さまざまな構成のコンピュータが作られていましたが，多くのコンピュータでは，計算すべき内容をそのままハードウェアの回路（**論理回路**）で作ってしまうものでした．つまり，プログラムごとに配線をつなぎ変えていたわけです．これに対しノイマンは，コンピュータは複雑で巨大な単一の論理回路で構成されるのではなく，必要最低限の簡単な機械命令（に対する論理回路）の集合で定義され，その機械命令列をプログラムとしてコンピュータの記憶装置に格納し，1つずつ順番にその機械命令を実行するべきだ，と提案したのです．さらに**記憶装置**は，**アドレス**（番地）を指定してデータやプログラムを読み書きできるような線形性を持つべきだということも提案しました．この要件を満たすコンピュータのことを**ノイマン型コンピュータ**といいます．では，ノイマン型コンピュータがどのように構成されるかを，チューリングマシンを使って考えてみましょう．

第2章 計算モデルとコンピュータの構成

単純な機械命令セット 図2.3では，あるチューリングマシンが内部状態1の時に，入力として2が与えられれば状態を3に変え，−1が与えられれば状態を0に，0が与えられれば状態を変えない，という動作をすることを説明しました．この時，このチューリングマシンに2, −1, 0以外の値を入れることは想定されていません．さらに状態が3や0の時に値が入力されることも想定の範囲外なのです．このチューリングマシンの動作を忠実に実行する論理回路は勿論作ることは簡単にできますが，$1+2=3$, $1-1=0$, $0+0=0$の3種類の計算しかできない論理回路に数百個のトランジスタを使うことは，あまり賢くないですね．それより図2.8のチューリングマシンを次のように定義してみます．

1. ヘッド位置の値を読み込む
2. ヘッドを右に1マス移動する
3. ヘッド位置の値とRを足して新しいRの値とする
4. ヘッドを右に1マス移動する
5. ヘッド位置にRを書き込む

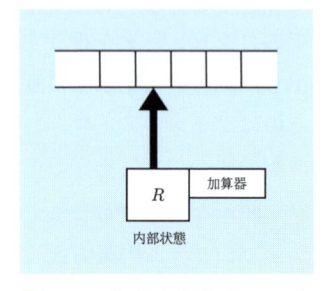

図2.8 加算を行うチューリングマシン

このチューリングマシンは，その時のヘッド位置のテープの値と右隣の値を足し合わせたものを，さらに右隣のテープ位置に書き込みます．簡単のためにこのチューリングマシンの現在のヘッド位置のマス目にaを，その右隣のマス目にbを書き込んで計算するとして，これを$\mathrm{TM}_{\mathrm{add}}(a,b)$と表します．すると図2.3の状態遷移図は，$\mathrm{TM}_{\mathrm{add}}(2,1)$, $\mathrm{TM}_{\mathrm{add}}(-1,1)$, $\mathrm{TM}_{\mathrm{add}}(0,0)$と表すことができますし，それ以外の加算も全て表すことができます．同じように乗算$\mathrm{TM}_{\mathrm{mul}}(a,b)$とか除算$\mathrm{TM}_{\mathrm{div}}(a,b)$とかも考えることができます．四則演算だけではなく，比較を行う論理演算もあります．このような演算は論理回路で実行できるようにしておくと何かと便利です．論理回路に実行させるわけですから，これを機械命令と呼ぶことにします．チューリングマシンの動きを機械命令という形で表し直すなら，状態を変える＝各種演算以外にもテープに対する操作を行う命令も必要になりますし，後で述べる**制御命令**も必要になります．このようにチューリングマシンの動きを完全に機械で実現するための命令の集合を機械命令セットといいます．

2.5 ノイマン型コンピュータの構成

プログラム内蔵方式 2.3 節ではチューリングマシンがどのように動作するかということをプログラムのようなものを使って説明しましたが，そのプログラムはどこにどのような形で存在するのか疑問を持たれたことでしょう．2.2 節では「チューリングマシンは計算手順と初期値が与えられれば必ず実行できることが保障されている」と説明しましたが，この計算手順がプログラムに他ありません．

図 2.5 で説明した 1 から 10 までの和を求めるプログラムは，上で述べた機械命令を使って，次のように表すことができます．ただし，$TM_{add}(, a)$ は現在のマス目には何も書かずに右隣のマス目に a を書き込むものとします．

1. $TM_{add}(1, 2)$ を実行する
2. $TM_{add}(, 3)$ を実行する
3. $TM_{add}(, 4)$ を実行する
   $\vdots$
9. $TM_{add}(, 10)$ を実行する

図 2.9 のようにデータの入力とチューリングマシンの実行を逐次

図 2.9 多数の命令実行

行うのはあまり嬉しくありません．ここで図 2.7 の複数のチューリングマシンで構成されるチューリングマシンを思い出してください．上の $TM_{add}(1, 2)$ から $TM_{add}(, 10)$ までの実行を人間が操作するのではなくて，別のチューリングマシンに実行させればいいわけです．

図 2.10 では TM_{add} を呼び出す TM_{main} を考えます．TM_{main} はヘッド位置のテープから I_1 を読み込むと内部状態 R_1 を 1 に，R_2 を 2 にセットして $TM_{add}(R_1, R_2)$ を呼び出しヘッドを 1 マス右に動かします．ここでの TM_{add} の動きはこれまでと同じですが，最後の計算結果を TM_{main} の R_1 に書くものとします．次に TM_{main} はヘッド位置から I_2 を読み込むと内部状態 R_2 を 3 にセットして $TM_{add}(, R_2)$ を呼び出しヘッドを 1 マス右に動かします．以下同様にして I_9 まで実行すると答えは R_1 に

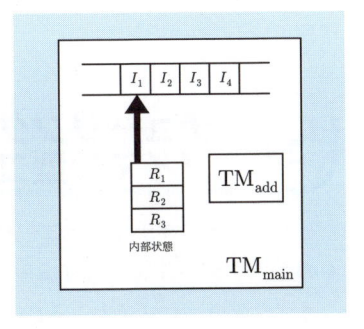

図 2.10 プログラム内蔵方式

格納されているわけです．そしてこの $I_1, I_2, I_3, \cdots$ がプログラムになるわけです．各 I_j は機械命令となります．このようにして，TM_{main} は自分が動かすべきプログラムを自分のテープの中に持っているため，これをプログラム内蔵方式というわけです．

逐次制御方式　上の例では，TM_{main} はテープから命令を読み込んで，命令を実行した後，ヘッド位置を右に1マス動かしています．これは命令を1つずつ順番に（逐次的に）実行することになりますので，これを逐次制御方式といいます．ノイマン型コンピュータでは，命令は多くの場合，並んだ順番に実行されていくのですが，命令の中にはヘッド位置を特定の場所に強制的に移動させてしまうものもあります．これは分岐命令と呼ばれ，この分岐命令を使うことで繰り返し処理が可能となるわけです．

線形記憶　チューリングマシンのテープは無限に長く，ヘッドを左右に動かすことで，どこのマス目もアクセスできるのですが，右に何マス左に何マスという書き方より各マス目に番地をつけておいて，その番地指定でヘッドを動かした方がプログラムはすっきりします．番地のつけ方は，0番地から始まってチューリングマシンのテープの1マスごとに番地が順に等間隔で増えていくようにします．すなわち，線形記憶領域を持つわけです．チューリングマシンのテープは左右に無限に続きますが，マイナスの番地は考えません．つまりテープの左側には端点が存在することになるのですが，そのようなテープを使ったチューリングマシンもオリジナルのチューリングマシンと等価であることが証明されています．一般にこの線形記憶領域のことをアドレス空間またはメモリ空間と呼びます．

2.6 チューリングマシンからノイマン型コンピュータへ

　それではオリジナルのチューリングマシンを変形させてノイマン型コンピュータの条件を満たすようなチューリングマシンを考えていきましょう．
　まず，図 2.11 で示すように，テープは有限の長さで各マス目には左端から順番に番地をつけます．オリジナルのチューリングマシンは無限長のテープを持つのですが，実際に機械を作るのに無限の容量を実現することはできないので，

2.6 チューリングマシンからノイマン型コンピュータへ

有限ではあるが十分長いテープを使うものと考えます．テープの頭の方にはこのチューリングマシンで動かすプログラムが入っており，テープの途中からはデータを読み書きするのに使うものとします．

プログラムは $I_1, I_2, I_3, \cdots$ のように各マス目に1命令ずつ入っており，フェッチ†ユニットと呼ばれる装置によって順に各命令を読み込むものとします．フェッチユニットはヘッドの位置がどこにあっても与えられた番地に格納されている機械命令を読み込む装置で，読み込まれた機械命令は，このチューリングマシンで実行されます．機械命令の多くは算術演算であるため，テープから値を読み込んだり計算結果を書き込んだりする必要があります．

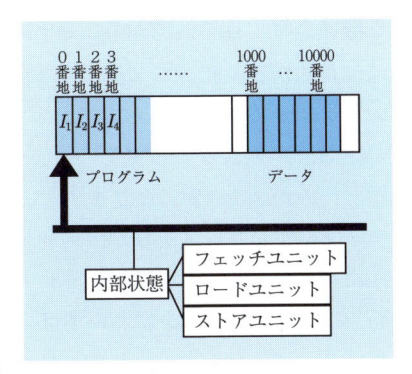

図 2.11 チューリングマシンからノイマン型コンピュータへ

ここでデータの読み込みは**ロードユニット**が，書き込みは**ストアユニット**が行うものとします．注意すべきことは，**フェッチユニット**は機械命令を読み込むのに対して，ロードユニットはデータを読み込むという違いがあることです．読み込まれた機械命令は，このチューリングマシンの動きを指示するのに対し，読み込まれたデータは，このチューリングマシンの内部状態に格納されます．このチューリングマシンの動きをまとめると次のようになります．

1. フェッチユニットが機械命令 I_1 を読み込む
2. 機械命令 I_1 を実行する
   (ア) 必要に応じてロードユニットがデータを読み込む
   (イ) 演算を行う
   (ウ) 必要に応じてストアユニットがデータを書き込む
3. フェッチユニットが機械命令 I_2 を読み込む
4. 機械命令 I_2 を実行する
5. 以下同様に続く

このチューリングマシンはテープ中にプログラムを持ち，プログラムは簡単

---
†CPU がメモリから命令を取ってくることです．

な機械命令で作られており，それを逐次的に実行していきます．さらにテープには番地が割り振られて線形記憶性を有しています．すなわち，ノイマン型コンピュータであるといえます．

図 2.11 をさらに実装しやすい構成で示したのが図 2.12 になります．ここではテープの代わりに**メモリ**が，ヘッドの代わりに**バス**[†]が置かれています．オリジナルのチューリングマシンにおいては，無限に長いテープに対してヘッドを左右に 1 マスずつ動かすことで，テープのどのマスにもデータを読み書きできるということは本質

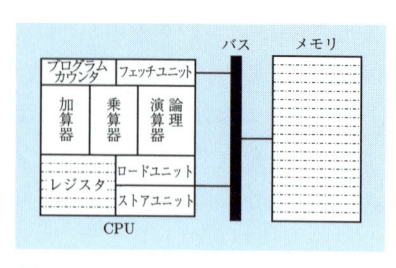

図 2.12　ノイマン型コンピュータの一例

的に重要なことでした．しかしながら，実際のコンピュータを作るのに無限容量の記憶装置は不可能ですし，データの格納場所をもとめて右往左往するのは計算効率がよろしくありません．

例えば，加算を 1 回計算するのにヘッドを 10 万回も動かさなければならないというのはあまり魅力的なコンピュータではありません．そこで線形記憶性つまり番地を持つ記憶装置としてメモリを使い，そのメモリに対する番地すなわちアドレスを与えてやると当該マス目をすぐにアクセスできるデータ通信回線であるバスを使います．フェッチユニットやロード／ストアユニットはバスに対してアドレスを与え，読み込みの場合はデータもしくは機械命令の受信を，書き込みの場合はデータの送信を行います．このデータの読み書きの遅延時間は演算時間に比べて小さければ小さいほど，計算効率が良くなります．

図 2.12 では演算装置として加算，乗算，論理演算の 3 種類を置いていますが，これは機械命令の種類によって変わります[††]．**レジスタ**とはチューリングマシンの内部状態を表すもので，複数個使われることがほとんどです．さらに**プログラムカウンタ**というのがありますが，これは特殊なレジスタすなわち内部状態の一部です．フェッチユニットはプログラムカウンタに格納されている値をアドレスとして見て，メモリ上のそのアドレスから機械命令を読み込みます．読み込まれた命令が実行されるとプログラムカウンタの値は自動的に増え

[†] バスについては第 8 章で詳しく述べます．
[††] 詳しくは第 5 章で説明することになります．

て次の命令フェッチに備えるのです．

図 2.12 のフェッチ，ロード／ストアユニット，プログラムカウンタ，各種演算器，レジスタをまとめて**中央処理装置**（Central Processing Unit: **CPU**）と呼びます．CPU，バス，メモリで構成されるこのチューリングマシンはノイマン型コンピュータの条件を満たすコンピュータとなります．このように図 2.12 はチューリングマシンではありながらノイマン型コンピュータの要件を満たすのですが，このままではちょっと使いにくいコンピュータです．なぜなら，図 2.12 には入出力を行う装置もないですし，データを長期にわたって保存する装置もないからです．

図 2.13 は現在使われているコンピュータの構成を表しています．ベースは図 2.12 のチューリングマシンなのですが，キーボード，マウス，モニタ，プリンタという入出力装置がつながっていますし，**HDD**（Hard Disc Drive），CD，DVD といった補助記憶装置もあります．さらにインターネットにもつながっています．また CPU とバスの間に**キャッシュメモリ**があります．詳しくは第 5 章以降で説明することとします．

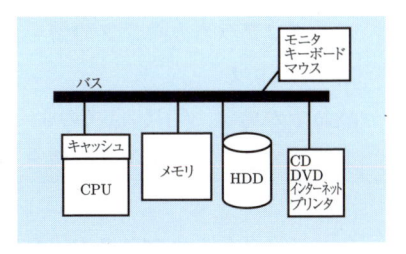

図 2.13　コンピュータの構成例

2.7　ノイマン型コンピュータの基本動作

図 2.14 は図 2.12 を簡略化したものですが，プログラムカウンタ（PC）の値が 0 になっています．本節と次節では図 2.14 を使ってノイマン型コンピュータの基本動作を説明します．

まず CPU はプログラムカウンタの値を見て，それをメモリのアドレス（番地）と見なし，そのアドレスに格納されている値を命令として取ってきます．この時，当該アドレスから何バイト分のデータを取ってくるかは，その CPU の仕様により異なるのですが，ここでは簡単のため，常に 4 B とします．

図 2.14 のプログラムカウンタの値は 0 なので，CPU はメモリの 0 番地から 4 B の命令を取ってきます．ノイマン型コンピュータの命令は一般命令，分岐

命令と停止命令に大別されます．一般命令の場合，CPU は次のような動作を行います．ただし，一般命令とは分岐命令と停止命令以外の全ての命令のことを意味します．詳しくは第 3 章で説明します．

1. プログラムカウンタの値をアドレスとして，そのアドレスにある命令を取ってくる
2. 命令を実行する
3. プログラムカウンタの値を命令長分増やす
4. 1 に戻る

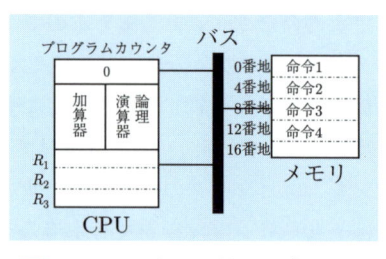

図 2.14 ノイマン型コンピュータの動作

分岐命令の場合，CPU は次のような動作を行います．

1. プログラムカウンタの値をアドレスとして，そのアドレスにある命令を取ってくる
2. プログラムカウンタの値を分岐命令で指定したアドレス値に設定する
3. 1 に戻る

停止命令の場合は，CPU は実行を即座に停止します．

以上がノイマン型コンピュータの基本動作です．この基本動作を使ってプログラムの動きを制御するのですが，次節では一般命令での命令がどのように実行されるのかを説明します．

2.8 ノイマン型コンピュータでのプログラム実行

プログラムがメモリに格納されているノイマン型コンピュータで，プログラムに記述されているさまざまな命令がどのように実行されるかを説明します．一番簡単な一般命令は $a = 1$ などの代入命令でしょう．この命令に対して，CPU は次の処理をします．

$$a \text{ に相当するアドレスに 1 を書き込む}$$

「a に相当するアドレス」という表現が分かりにくいかと思います．これは実際には具体的な番地を指定して，例えば「100 番地に 1 を書き込む」となるの

2.8　ノイマン型コンピュータでのプログラム実行

ですが，読み書きする番地が多くなれば（人間にとって）ややこしくなるので，チューリングマシンの説明と同様に変数を使っています．ただし，プログラム中では変数 a と表現するのではなく，**ラベル** a と表現します．プログラム中の任意のアドレスにはユニークなラベルをつけることができるのです．

次に $a = a + 1$ を考えてみましょう．この命令に対して，CPU は次の処理をします．

1. a に相当するアドレスのデータを R_1 に読み込む
2. R_1 の値を 1 増やす
3. R_1 の値を a に相当するアドレスに書き込む

$a = a + 1$ という 1 つの命令に対して，実際に CPU が行っている処理は，a の値をレジスタに読み込み，そのレジスタの値を 1 増やし，更新されたレジスタの値を a に書き込む，と 3 ステップあるわけです．従って，同じ加算命令でも参照するメモリ位置が複数あれば，この手順は増えることになります．例えば $a = a + b$ の場合，CPU は次の処理をします．

1. a に相当するアドレスのデータを R_1 に読み込む
2. b に相当するアドレスのデータを R_2 に読み込む
3. R_1 に $R_1 + R_2$ を計算結果を格納する
4. R_1 の値を a に相当するアドレスに書き込む

次にループ文を考えてみましょう．例えば C 言語で図 2.15 のループのプログラムが与えられれば CPU は次のように解釈・処理します．

1. R_1 に 0 を格納する
2. R_1 と 10 を比較して R_1 が 10 より大きいか等しい場合 6 に移る
3. $b = a + x$ の計算
4. R_1 の値を 1 増やす
5. 2 に移る
6. 終了

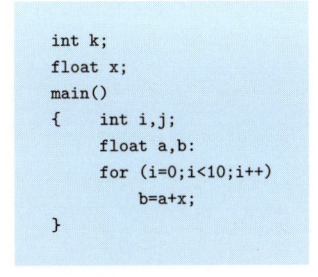

```
int k;
float x;
main()
{   int i,j;
    float a,b:
    for (i=0;i<10;i++)
        b=a+x;
}
```

図 2.15　ループ

ここでは簡単のために変数 i を直接レジスタ R_1 で表しました．図 2.16 は図 2.15 のプログラムと変数用のラベルがどのようにメモリに割り付けられているかの例を示しています．

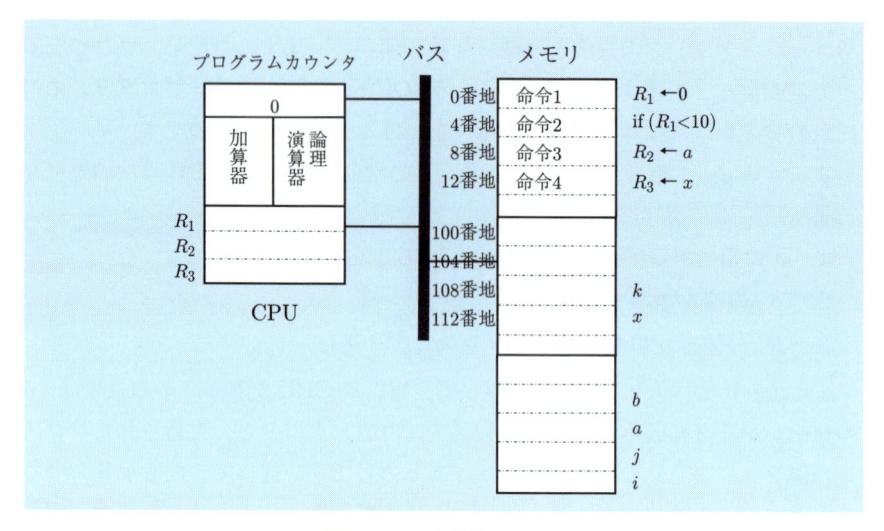

図 2.16 変数とラベル

第 2 章の章末問題

問題 1 ノイマン型コンピュータの 4 条件をチューリングマシンの枠組みにあてはめて考えよ．

問題 2 ノイマン型ではない非ノイマン型コンピュータにどのようなものがあるか調べてレポートせよ．

第3章
アセンブリ言語と機械語

> 本章ではコンピュータがどのように動くかを非常に具体的な例を使って説明します．コンピュータの動き方を知るには機械語を理解しなければならないのですが，この機械語は人間にとって最悪に読みにくいものなのです．そこで本章では超簡単命令セットという，実際のコンピュータとしては使い物にならないけど，コンピュータの動きを知るには最低限の機能はある，というものを使って機械語の説明をした後，その機械語で具体的なプログラムがどのように実行されるかを詳細に解説します．

●本章の内容●
コンピュータと言語
機械語
アセンブリ言語とアセンブラコード
超簡単命令セット
プログラム例

3.1 コンピュータと言語

　コンピュータに何か仕事をさせる時，その仕事の内容を手順として教えてやらなければコンピュータは仕事ができません．人間に仕事をさせる場合は，言葉を使って仕事の内容を伝えますが，相手によって言葉の種類は変わります．普通の日本人に向かって英語で説明してもあまり分かってもらえませんし，子供に対して大人にするような説明をしても，やはりあまり分かって

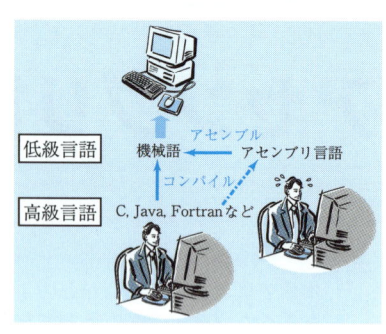

図 3.1　高級言語，低級言語，コンパイラ

もらえませんね．コンピュータに指図する時の言葉はプログラミング言語で，CやJava，Fortranなどがよく知られています．これらの言語は人間が考えるのに適した言語でして，**高級言語**と呼ばれるのですが，コンピュータはこういった高級言語を実は理解できないのです．コンピュータが理解できるのは，前章で説明した機械命令だけです．各機械命令を1つの単語と考えると，それがコンピュータの理解できる言語を構成すると考えることができます．その言語のことを**機械語**[†]と呼ぶことにします．機械語はコンピュータが理解するには丁度良いのですが，これを人間が理解しようとすると大変です．このようなプログラミング言語のことを**低級言語**と呼びます．人間が作る高級言語で書かれたプログラムを何らかの方法で低級言語である機械語に変換しなければ，そのプログラムをコンピュータは理解することができません．この変換を行ってくれるのがコンパイラです．

　次に高級言語と低級言語の違いについて考えてみましょう．一般的にいわれることは，「言語が高級になるほど抽象度が高くなる」です．抽象度が高いというのは，具体的な指示がなされていないけれど，聞く方が気をきかせて適切に処理できる，ということです．図 3.2 では，ちょっとTV

図 3.2　ちょっとTVをつけて

[†]機械語とは第1章で少しふれた2進表現で表せるものです．

3.1 コンピュータと言語

をつけてくれない？と頼んでいますが，このような日常会話は実は非常に抽象度が高いのです．まず，この処理は，相手がTVというオブジェクトを認識できるという大前提があります．そうでなければ，『あなたの真後ろ1.5mのところにある物体をTVというのだが』という説明が必要です．また，TVをつけるという表現も，TVの電源をオンにする，という具体的操作のことを知っている必要がありますし，TVの電源スイッチがどこにあるかということも知っている必要があります．

プログラミング言語にも同じような抽象度の問題があります．例えば，a=b+c という命令文を人間が見れば，「変数bと変数cに代入されている値を足したものを変数aに代入する」とすぐに理解できますが，コンピュータはこれを理解できません．そのため，コンパイラによって，「メモリの（例えば）100番地, 104番地, 108番地にそれぞれa, b, cというラベルをつける．ラベルbから4B分の領域にあるデータを（例えば）整数とみなし，その値をレジスタ1に格納する．ラベルcから4B分の領域にあるデータを整数とみなし，その値をレジスタ2に格納する．レジスタ1とレジスタ2の値を足し合わせて，その結果をレジスタ1に上書きする．レジスタ1の値を整数とみなしてラベルaから4B分の領域に書き込む」とコンピュータが理解できるように翻訳してやらなければなりません．第2章の2.8節ではプログラムの1文をCPUが処理するのに複数ステップに分ける必要があることを説明しましたが，これが言語の抽象度の違いだと考えて下さい．

言語の抽象度が上がれば，当然のことなのですが，与えられた表現に対して複数の意味を持つ可能性があります．例えば，a+b*c は，aとbの和を計算した後，その和とcの積を計算するという考え方と，bとcの積を計算した後，aとの和を計算するという考え方があります．数学的には，「和より積の方が優先順位が上」という規則があるため後者が正解なのですが，全てのプログラミング言語がそのような規則を持っているとは限りません．また，単にa+bの計算でも，変数a, bが整数型か実数型かの解釈によって演算結果が異なります．コンピュータの理解できる低級言語には，このような言語の曖昧性が全くないという前提が必要です．ところがそういった前提は，人間からすると「分かりきったこと」であることが多く，煩わしいものなのです．

3.2 機械語

前章で説明したように，CPUはメモリから機械命令を読み込み，必要に応じてデータもメモリから読み込み，与えられた機械命令を実行し，必要に応じて計算結果をメモリに書き戻します．その後，CPUは次の機械命令を読み込み，同様の処理を行うのですが，これら一連の機械命令は全体として何か意味のある処理を行おうとしており，それがプログラムなのです．機械命令は命令の種類だけではなく，その命令を行うのに必要なデータの格納場所や，その命令を実行した結果，計算される値の格納場所なども記述しておかなければなりません．さらに，この記述の仕方は2進数のビット列でなければなりません．

図3.3は3.4節で説明する簡単なCPUに対する機械語のプログラムの一部を2進数で表したものです．メモリは人間が読みやすいように（？）2Bごとに区切って表示しています．なぜ2進数で表すかというと，メモリの最小記憶単位がビットだからです．CPUはプログラムカウンタのアドレスから始まるあらかじめ決められた長さのビット列を機械命令として読み込みます．読み込まれた機械命令の種類によっては，その機械命令に対する引数が必要な場合があるので，当該機械命令に従った数の引数を，当該機械命令に引き続き読み込みを行います．引数には，その機械命令で使用するレジスタの番号，メモリのアドレスや値そのものがあります．次節で説明するオペコードが機械命令本体，オペランドが引数に相当します．

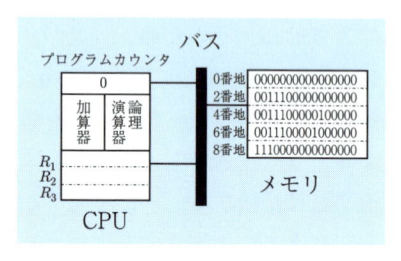

図3.3 機械命令の例

3.3 アセンブリ言語とアセンブラコード

図3.3のメモリ中4番地からの2バイトは0011100000100000となっています．実はこの機械命令は，次節で紹介する**命令セット**の例を使っています．ここでは上位4ビットが命令本体で，次の8ビットがアドレス，次の2ビットでレジスタ番号を指定しているのですが，このままでは見にくいので16進数で表し

てみると，3820となり，機械命令3番（STORE）に対して，アドレス0x82[†]とレジスタ0番を与えていることになり，2進数よりほんの少しだけ人間にとって分かりやすくなります．では，同じことを示す次の書き方はどうでしょう．

```
STORE 0x82 R0
```

この書き方だと，何となく「レジスタ0番の値を0x82番地に格納する」と読めませんか？このように機械命令を番号ではなくて名前で記述し，引数も分かりやすく表記したものを**ニーモニック**と呼びます．

2進数の羅列である機械語のプログラムは，よっぽどのことがない限りそのまま解読しようという気にならないでしょうし，間違っても書こうという気にもならないでしょう．しかしながら，全く同じプログラムをニーモニックで書き表したものなら，多少とも読み書きする気がおきるでしょう．

			アドレス	オペコード	オペランド1	オペランド2
LOADI	R0	#0	00000000	0000	00	00000000
STOREA	M(i)	R0	00000010	0011	10000000	00
STOREA	M(j)	R0	00000100	0011	10000010	00
STOREA	M(s)	R0	00000110	0011	10000100	00
LOADI	R1	#48	00001010	0000	01	00101100
SUB	R0	R1	00001100	0110	0001	00000000
STOREA	M(n)	R0	00001110	0011	10000110	00

図 3.4　アセンブラコードと機械語

図3.4の右側には機械語で書かれたプログラムの一部を，左側にはそれをニーモニックで現したものが示されています．ニーモニックで表された機械語のことを**アセンブリ言語**と呼びます．アセンブリ言語で書かれたプログラムは，機械語に変換してやればCPUが理解することができるのですが，この変換を手作業でやるのでは，苦労してアセンブリ言語でプログラミングする意味も薄れます．そこでこの変換を自動的に行ってくれるプログラム，**アセンブラ**を使います．また，アセンブリ言語のプログラムを機械語に翻訳することをアセンブルといいます．アセンブリ言語のプログラムのことをアセンブラコードと呼ぶこともあります．

[†]0xの後に続く数字は16進数を意味します．

図 3.5 はアセンブリ言語の構成を示しています．アセンブリ言語では，一般に，1 行に 1 つの命令を書きます．最初に記述するのは機械命令の種類で，**オペコード**と呼ばれます．どのようなオペコードが使えるかは，CPU の種類によって異なります．オペコード部分を機械語で表した場合，そのビット長は利用できる機械命令の数に密接に関係します．一般的には，オペコードのビット長を L とした場合，$2^{L-1}<$ 命令数 $\leqq 2^L$ を満たします．オペコードには算術演算，論理演算，分岐など制御命令などがあります．

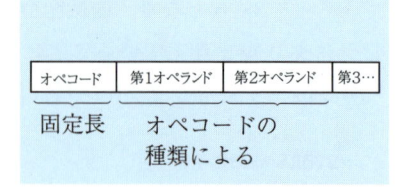

図 3.5　アセンブリ言語の構成

オペコードに引き続き，**オペランド**を記述します．オペランドのビット長や個数はオペコードによって異なります．図 3.6 で示すように，オペランドにはレジスタを指定したり，アドレスや値そのものを記述したりします．

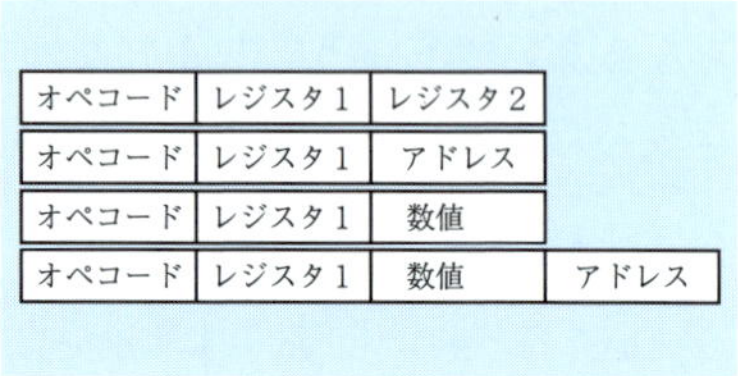

図 3.6　オペランドの例

図 3.7 はアセンブリ言語のプログラムの書式例を示しています．各行では，左端からその命令が格納される先頭アドレス，オペコード，オペランドを順に書きます．図 3.7 の上図では左端に具体的なアドレスを書いていますが，このアドレスは各種分岐命令以外では普通は使いませんので，必要なアドレスにラベルをつけて図 3.7 下図のように記載します．ラベルは任意の英数字列に「:」を付けて作ります．オペコードは，与えられた命令セット[†]に対応するニーモニックの名前で指定します．オペランドでは，レジスタを指定する場合

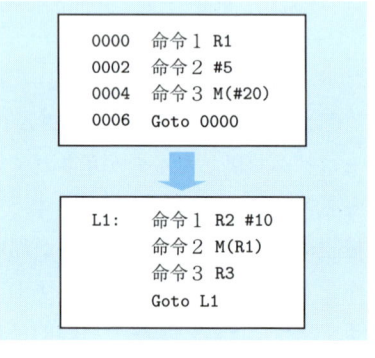

図 3.7　アセンブラコードの書式

[†] 命令セットの説明は次章で行います．ここでは機械命令の種類という意味で使っています．

はR0, R1, R2, ... を使います．値そのものを使う場合は#の後に数字を書きます．オペランドで値そのものを使う場合，それを**即値**（immediate value）と呼びます．アドレスを指定する場合にはM（アドレス）と書きます．この時，括弧の中のアドレスは#で始まる整数値[†]，ラベル，レジスタで表します．ここで示したアセンブラコードの書式は一例に過ぎず，アセンブラの仕様によって書式はさまざまなものがあります．

3.4 超簡単命令セット

本節では非常に簡単な命令セット（**超簡単命令セット**と呼びます）を考えてみます．超簡単命令セットはメモリの読み書き，加算減算，分岐，条件分岐などコンピュータの動きを理解するためだけに考えられた16種類の機械命令で構成されます．データ型は8ビット符号あり整数（−128〜127）のみを扱います．レジスタは4個のみ使用可能で，アドレス空間は8ビット（0番地〜255番地），即値は8ビット符号あり整数を使えます．8ビット符号あり整数は，普通に整数表記する以外に，C言語のchar型でも表記可能とします．

図3.8はこの超簡単命令セットを採用したコンピュータの一例を示しています．CPU，バス，メモリの他に入力装置と表示装置をつけてみました．後述するように超簡単命令セットではデータ読み込みと表示を行うための命令も用意しているのです．

即値というのは聞きなれない言葉ですが，アセンブラコード中で使われる定数と考えてください．C言語などで数値や文字列を直接ソースコードに書いたものをリテラルといいますが，即値はアセンブラコードにおけるリテラルと考えていいでしょう．以下，各命令の説明を行います．

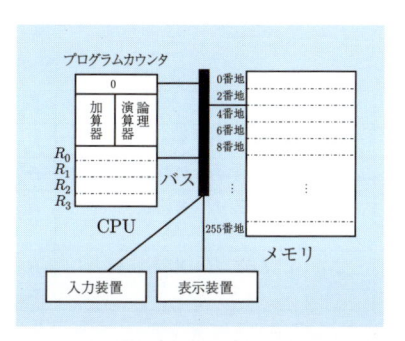

図3.8 超簡単命令セットのコンピュータ

ロード命令　表3.1では3種類のロード命令を4種類のニーモニックで表しています．ロード命令はレジスタに値を設定する命令で，プログラム中に値を直

[†]次章で説明しますが，この整数値のことを変位といいます．

接指定する即値をオペランドとする `LOADI`（LOAD with Immediate values），オペランドにアドレスを指定することで当該アドレスのメモリの値をレジスタに設定できる `LOADA`（LOAD by Address）と，アドレスを指定するのにレジスタを使える `LOADX`（LOAD with indeX）の 3 種類があります．いずれの命令も第 1 オペランドは値が設定されるレジスタ（R_d：destination Register を意味します）が指定されます．`LOADI` では第 2 オペランドに即値を指定しますが，超簡単命令セットでは即値もアドレス指定も同じ 8 ビットであるため，即値の代わりにラベルも指定できるものとします．`LOADA` では第 2 オペランドにアドレスを指定しますが，ここではアドレスを書くのではなく，ラベルで指定するものとします．`LOADX` では第 2 オペランドに参照元のレジスタ（R_s：source Register）を指定しますが，第 3 オペランドで即値[†]を与えるものと第 3 オペランドを指定しないものに分かれます．実はこれは表記上の違いだけで，前者の即値を 0 とすれば後者と同じものになります．第 3 オペランドは即値ですが，超簡単命令セットでは即値もアドレス指定も同じ 8 ビットであるため，即値の代わりにラベルも指定できるものとします．一般にはここで即値を使うのとアドレスを与えるのでは意味が全く違うのですが，詳しい説明は次章で行います．

表 3.1 ロード命令

番号	ニーモニック	機能
0	`LOADI` R_d `#n`	R_d に即値 n を入れる
1	`LOADA` R_d `M(`$address$`)`	R_d に $address$ で示すメモリの値を入れる
2	`LOADX` R_d `M(`R_s`)`	R_d に R_s の中身をアドレスと見た時のメモリの値を入れる
2	`LOADX` R_d `M(`R_s `+#n)`	R_d に $R_s + n$ をアドレスと見た時のメモリの値を入れる

ストア命令 表 3.2 では 2 種類のストア命令を 3 種類のニーモニックで表しています．ストア命令はメモリに値を書き込む命令で，オペランドにアドレスを指定することで当該アドレスのメモリに書き込む `STOREA`（STORE by Address）と，アドレスを指定するのにレジスタを使える `STOREX`（STORE with indeX）の 2 種類があります．`STOREA` でのアドレスの指定にはラベルを使います．`STOREX` の `M(`R_d`)` は `LOADX` と同様，`M(`R_d `+#0)` と解釈されます．また，

[†] 正確には即値ではなくて次章で説明する変位です．

STOREX の M(R_d +#n) は LOADX と同じく，即値の代わりにラベルも指定できるものとします．STORE 命令で注意すべきことは，STOREI という命令は用意されていないことです．STOREI アドレス 即値，という形で定義できないことはないですが，LOADI と違って STOREI をわざわざ定義するメリットはありません．

表 3.2 ストア命令

番号	ニーモニック	機能
3	STOREA M($address$) R_s	$address$ で示す位置に R_s の内容が書き込まれる
4	STOREX M(R_d) R_s	R_d の中身をアドレスとして，そこに R_s の内容が書き込まれる
4	STOREX M(R_d +#n) R_s	$R_d + n$ をアドレスとして R_s の内容が書き込まれる

算術演算命令　表 3.3 では 4 種類の算術演算命令 ADD, SUB（SUBtract），INC（INCrease），DEC（DECrease）をニーモニックで表しています．オペランドにはレジスタのみが利用できて，メモリ中のデータに対する演算を直接行うことができないことに注意してください．オペランドに即値やアドレスを指定する演算命令も一般的には使われますが，それに応じた別の命令として定義してやらなければなりません．

INC や DEC のように値を 1 だけ増減させる命令がわざわざ用意されているのを不思議に思う人は多いでしょう．しかしながら，次節で説明するようにループ文では INC や DEC は非常に頻繁に使われるのです．

表 3.3 算術演算命令

番号	ニーモニック	機能
5	ADD R_d R_s	R_d に $R_d + R_s$ を格納する
6	SUB R_d R_s	R_d に $R_d - R_s$ を格納する
7	INC R_d	R_d を 1 だけ増やす
8	DEC R_d	R_d を 1 だけ減らす

条件分岐命令　表 3.4 では 3 種類の条件分岐命令 BRGT（BRanch if Greater Than），BREQ（BRanch if EQual），BRLT（Branch if Less Than）をニーモニックで表しています．第 3 オペランドはラベルを使います．いずれの命令も第 1 および第 2 オペランドのレジスタの値を図 3.8 の論理演算器に送り，条件

が成立すればプログラムカウンタの値を $address$ で与えた値に書き換え，成立しなければプログラムカウンタの値を他の命令[†]同様 2 増やします．

表 3.4 条件分岐命令

番号	ニーモニック	機能
9	BRGT R_a R_b $address$	R_a が R_b より大きければ $address$ で示すアドレスに飛ぶ
10	BREQ R_a R_b $address$	R_a と R_b が等しければ $address$ で示すアドレスに飛ぶ
11	BRLT R_a R_b $address$	R_a が R_b より小さければ $address$ で示すアドレスに飛ぶ

無条件分岐命令 表 3.5 では無条件分岐命令をニーモニックで表しています．BRA（BRanch to address）も BRR（BRanch by Register）もプログラムカウンタの値をオペランドで示すアドレスに書き換えます．BRA と BRB の違いはラベルで与えるかレジスタで与えるかです．

表 3.5 無条件分岐命令

番号	ニーモニック	機能
12	BRA $address$	無条件に $address$ で示すアドレスに飛ぶ
13	BRR R_s	R_s の値をアドレスとしてそのアドレスに飛ぶ

補助命令 補助命令は超簡単命令セット用の特殊な命令であり，一般的にはこのような命令は存在しません．普通はデータの表示や入力はオペレーティングシステムを介して行われるものであり，アセンブラコードのレベルで行うものではないのですが，アセンブリ言語の理解のために特別に用意しました．第 1 オペランドは 2 ビット使って，0 の場合は DISPLAY，1 の場合は INPUT とします．いずれも 1 バイトごとの入力・表示になります．

表 3.6 補助命令

番号	ニーモニック	機能
14	CALL DISPLAY R_s	R_s の内容を表示装置に表示する
14	CALL INPUT R_d	R_d に入力装置から値を読み込む

停止命令 停止命令 HLT（HaLT）はプログラムを終了するのに使われます．

[†] BRA, BRB と HLT は除きます．

この命令ではプログラムカウンタの値は更新されない，つまりこの命令で無限ループして停止状態になるものとします．HLT のみオペランドを持ちませんが，命令長は固定であるため 2 バイト使います．

表 3.7 停止命令

番号	ニーモニック	機能
15	HLT	プログラムを終了する

3.5 プログラム例

本節では，前節で定義した超簡単命令セットを使ったプログラミング例を紹介します．超簡単命令セットでは使えるデータ型が 8 ビット整数だったり，乗算や除算もないなど制約が多いですが，逆にいえば CPU の動き方の本質を理解しやすいものと思います．

for 文の例　最初に C 言語の for 文の構成方法を説明します．図 3.9 上の for 文は次のように実行されます．

1. i=0 とする
2. i が 10 以上なら for 文を終了
3. body を実行
4. i++を実行
5. 2 に飛ぶ

```
for(i=0;i<10;i++)
    body;

      LOADI R0 #0
      LOADI R1 #10
L1:   BRLT R0 R1 L2
      BRA L3
L2:   body
      INC R0
      BRA L1
L3:   HLT
```

図 3.9　for 文の例

これを超簡単命令セットのアセンブラコードにするには次のように考えます．まず，1.で変数 i が出てくるので，これをレジスタ R0 で使うことにします．また，0 に初期化しなければならないので，図 3.9 下 1 行目のように LOADI を使って即値で 0 を指定します．次に 2.で i と 10 の比較を行っています．比較を行うので条件分岐命令を使うことになるのですが，超簡単命令セットの条件分岐命令では比較対象はレジスタのみで，10 を格納しておくレジスタが必要なので，これを R1 とし，図 3.9 下 2 行目のように LOADI を使って即値で 10 を指定します．次に R0（変数

i）と R1（即値 10）を比較して，R0 が小さければ body（for 文で繰り返し実行する文）を実行し，等しいか大きい場合には終了するわけですから，BRLT を使って，R0 の方が小さい場合にはラベル L2 を付けた図 3.9 下 5 行目に飛ぶようにしたのが 3 行目の文になります．この部分は何度も繰り返しますので，ラベル L1 を付けておきます．3 行目が成立しない場合は終了することになりますので，このアセンブラコードの最終行である 8 行目に HLT 命令を置いて（ここでのラベルを L3 とします），L3 に無条件で飛ぶように 4 行目では BRA 命令を使います．5 行目で body を実行した後，C 言語のプログラムの方では変数 i を 1 増やすので，アセンブラコードの方でも 6 行目で R0（変数 i）を 1 増やします．そして 3 行目の比較を行うために，3 行目に無条件分岐できるように，7 行目に BRA 命令を使います．以上が for 文の例です．

while 文の例　　次に C 言語の while 文の構成方法を説明します．図 3.10 上の while 文は次のように実行されます．

1. i=0 とする
2. i が 10 以上なら while 文を終了
3. body を実行
4. i++ を実行
5. 2 に飛ぶ

図 3.10 上の C 言語のプログラムは，よく読めば図 3.9 上の for 文の例と全く同じ処理をしていることが分かります．これを for 文のアセンブラコードを記述した時の要領でコーディングすると，当然のことながら全く同じアセンブラコードになります．

```
i=0;
while(i<10)
{   body;
    i++;
}
        LOADI R0 #0
        LOADI R1 #10
L1:     BRLT R0 R1 L2
        BRA L3
L2:     body
        INC R0
        BRA L1
L3:     HLT
```

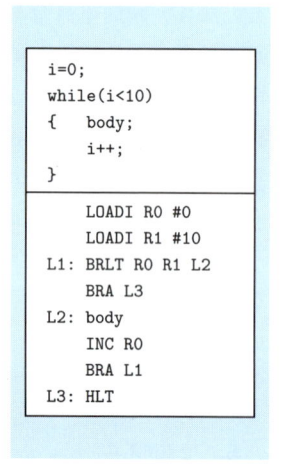

図 3.10　while 文の例

do while 文の例　　C 言語には do while というループ文もあります．for 文や while 文との違いは，do while 文ではループ本体を少なくとも 1 度実行するということです．for 文や while 文ではループ本体の実行前に繰り返し条件のチェックを行いますが，do while 文では，ループ本体を実行した後に繰り返し条件のチェックを行うからです．do while 文は次のように実行されます．

1. body を実行
2. i++を実行
3. i<10 なら 1 に飛ぶ

for 文の時同様，アセンブラコードに書き換えます．まず，図 3.11 上のプログラム中，使われている変数は i でリテラルは 10 です．変数 i は R0 に割り当てるとして，リテラル 10 は比較式で使われるため，超簡単命令セットのアセンブラコードにするにはレジスタに格納しておく必要があります．そこで

```
do
{   body;
    i++;
} while(i<10);

    LOADI R1 #10
L1: body
    INC R0
    BRLT R0 R1 L1
```

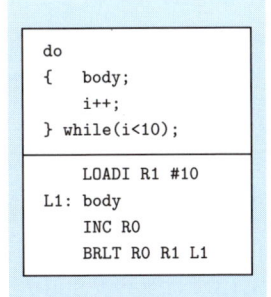

図 3.11　do while 文の例

図 3.11 下の 1 行目で LOADI を使って即値 10 を R1 に格納しておきます．次に body を実行しますが，この部分は繰り返し実行されるのでラベル L1 を振っておきます．body の実行後は変数 i を 1 増やす必要があるので，3 行目で R0 を INC します．次に変数 i がリテラル 10 より小さければ body を再度実行するわけですから，4 行目のように BRLT を使って条件が満たされれば L1 に飛ぶように設定します．

if 文の例　次に if 文の例を示します．図 3.12 上の C 言語プログラムでは，変数 a が変数 b より小さいか等しい時に body1 を，さもなければ body2 を実行するとコーディングされています．ここでは変数 a, b を表すのにメモリ中のデータを使ってみることにします．図 3.12 下のアセンブラコードで，下から 2 行はデータ領域であることを示しています．ラベル a の付いているアドレスとラベル b の付いているアドレスにはそれぞれ 1 バイトずつ確保していて，これらのラベルを使って LOAD 命令や STORE 命令でデータの読み書きができます．超簡単命令セットでは，使用できるレジスタの数が 4 と限られているので，これまでの例のように変数をレジスタに割り当てていくと，すぐに破綻してしまいます．図 3.12 下

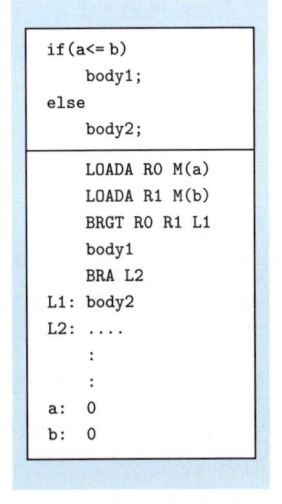

```
if(a<= b)
    body1;
else
    body2;

    LOADA R0 M(a)
    LOADA R1 M(b)
    BRGT R0 R1 L1
    body1
    BRA L2
L1: body2
L2: ....
     :
     :
a:  0
b:  0
```

図 3.12　if 文の例

の 1 行目と 2 行目で，それぞれ LOADA 命令を使って，ラベル a, b の位置の値

をR0, R1に格納しています。3行目では、R0（変数a）の方が大きければL1に飛びbody2を実行します。等しいか小さい場合はbody1を実行した後、5行目のBRA命令でL2に飛びます。

サブルーチン[†]　超簡単命令セットでは、サブルーチンを呼ぶ命令は用意されていませんが、分岐命令だけでサブルーチン的に使う方法を説明します。図3.13ではラベルSUBのアドレスから始まるアセンブラコードをサブルーチン的に使う例を示しています。一般にサブルーチンはその本体の実行終了とともに呼び出した命令の次の命令に戻らなければなりません。

図3.13の例では、呼び出す命令（BRA SUB）の次のアドレスにラベルを付けて、そのラベル（のアドレス）を即値としてR0に格納し、BRA SUBでSUBから始まるアセンブラコードに制御を移します。SUBから始まるコードでは、まずR0の値をラベルRETのデータ領域に格納します。これでsubroutine bodyでR0を自由に使うことができます。subroutine bodyを実行後、ラベルRETのアドレスに格納している戻り先のアドレスをR0に入れて、BRR R0でSUBを呼んだ命令（BRA SUB）の次の命令に飛びます。

乗算の例　超簡単命令セットでは、命令数を最低限のものに限ったため、乗算が定義されていません。8ビット整数しか使えないですが、乗算は手軽に使える方が便利なので、乗算サブルーチンMULを説明します。サブルーチンMULを呼ぶことにより、R1=R1*R2の計算をしてくれるものとします。R1*R2の計算は、R1をR2回足すことと同じですので、for文の例を利用して図3.14のように作ることができます。

```
       LOADI R0 NEXT1
       BRA SUB
NEXT1: :
       :
       LOADI R0 NEXT2
       BRA SUB
NEXT2: :
       :
       HLT
SUB:   STOREA M(RET) R0
       subroutine body
       LOADA R0 M(RET)
       BRR R0
RET:   0
```

図3.13　サブルーチンの例

```
       LOADI R0 NEXT
       BR MUL
NEXT1: :
MUL:   STOREA M(RET) R0
       LOADI R0 #0
       LOADI R3 #0
L1:    BRLT R0 R2 L2
       BRA L3
L2:    ADD R3 R1
       INC R0
       BRA L1
L3:    LOADI R1 #0
       ADD R1 R3
       LOADA R0 M(RET)
       BRR R0
       :
RET:   0
```

図3.14　乗算サブルーチンの例

[†]プログラム中で同じ処理内容が複数回ある場合、その作業を1つの手続きとしてまとめ、何度でも自由に実行できるようにしたものです。値を返す場合、関数と呼びます。

配列の使い方　超簡単命令セットでは配列を扱うことが可能です．図 3.15 上は配列要素 a[i] に順次 i を代入していく C 言語のプログラムですが，これは図 3.15 下のようにアセンブラコードで書くことができます．このアセンブラコードは図 3.9 下の for 文の例で 5 行目が配列の処理に書き換わっています．またデータ領域にラベル a がついています．5 行目では R0（変数 i）の値を R0+a のアドレスに格納していますが，R0+a のアドレスは a[i] であることに注意してください．

2 重ループの例　図 3.16 は 2 重ループの例です．L3 から 8 行が内側のループで，それ以外が外側のループになります．ここではループ変数の i と j はメモリに置いて，アクセスのたびにメモリから LOAD や STORE を行っています．

2 次元配列のアクセス　2 重ループの最深部では，2 次元配列を使うことが多いですが，ここでは 2 次元配列のアクセスの仕方について説明します．C 言語で char a[6][9]; と宣言した場合，配列 a の各要素はメモリ中で図 3.17 のように配置されます．この配列の先頭要素のアドレスは &a[0][0] であり，これは実は char a[54]; と宣言した時とメモリの割り当ては完全に一致します．つまり，&a[0][0]=&a[0] なのです．この時，この配列の占めるデータ領域の先頭アドレスにはラベル a がつきます．従って，&a[0][0]=&a[0]=a となります．では &a[i][j] はメモリ上どこのアドレスになるのかというと，次のようにして求めます．

$$\&a[i][j] = \&a[i][0] + j = \&a[0][0] + 9 \times i + j = a + 9 \times i + j$$

アセンブラコードで 2 次元配列のアクセスをする場合，このような計算をいちいちコード中で行わなければならないのは面倒くさいので，さまざまなアドレ

```
for(i=0;i<10;i++)
    a[i]=i;

    LOADI R0 #0
    LOADI R1 #10
    BRLT R0 R1 L2
    BR L3
    STOREX M(R0+a) R0
L1: INC R0
L2: BR L1
L3: HLT
    :
a:  0
```

図 3.15　配列を使う例

```
L1: LOADA R0 M(i)
    LOADI R1 #10
    BRGT R0 R1 L2
L3: LOADA R0 M(j)
    LOADI R1 #20
    BRGT R0 R1 L4
    body
    LOADA R0 M(j)
    INC R0
    STOREA M(j) R0
    BRA L3
L4: LOADX R0 M(i)
    INC R0
    STOREA M(i) R0
    BRA L1
L2: HLT
    :
i:  0
j:  0
```

図 3.16　2 重ループの例

ス計算を簡単に行うことのできるアドレス生成方法が使われます．例えば超簡単命令セットでは LOADX R_d M(R_s+a) を使うことで1次元配列 a のインデックス R_s を使った簡単なアクセスが可能となっています．超簡単命令セットでは，2次元配列に対する効率良いアドレス生成方法は用意されていません．これに関しては次章で詳細に説明します．

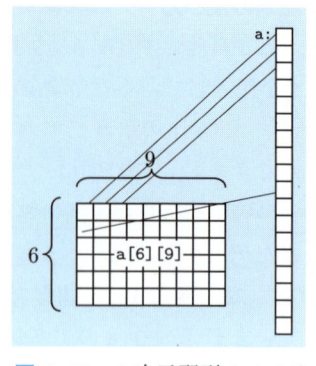

図 3.17 2次元配列のメモリ割り付け

数値データの読み込み　超簡単命令セットの入力用に用意した CALL INPUT を使って，入力装置（キーボード）から数値を読み込む例を考えます．図 3.18 は1桁の数字を読み込むサブルーチン INP1 のアセンブラコードです．R0 に戻り先のアドレスを格納して呼ぶと，R1 に読み込まれた1桁の正の整数が格納されます．2行目で R1 に読み込まれた値は ASCII コードの数字であることに注意してください．数値に変換するために '0'（ASCII コード）を引きます．

```
INP1: STOREAM(RET) R0
      CALL INPUT R1
      LOADI R0 #'0'
      SUB R1 R0
L1:   LOADA R0 M(RET)
      BRR R0
RET:  0
```

図 3.18 数値の読み込み例

数値データの表示　次に数値データを表示する例を説明します．読み込みの例では正の1桁の数しか読み込めませんでしたので，今度は1桁の整数（符号は桁に数えない）を表示するようにします．図 3.19 では，R0 に戻り先を，R1 に表示すべき1桁の整数を格納すると符号付の1桁の整数を表示するサブルーチン OUT のアセンブラコードを示しています．3行目で R1 の正負を判定し，負の場合は4～6行で正負を逆転させ，7～8行でマイナス符号を表示させます．9～11行では R1 に '0' を足して数値を数字に変換し表示します．正の場合はそのまま9～11行で表示します．

```
OUT:  STOREA M(RET) R0
      LOADI R0 #0
      BRGT R1 R0
L1:   SUB R0 R1
      LOADI R1 #0
      ADD R1 R0
      LOADI R0 #'-'
      CALL DISPLAY R0
L1:   LOADI R0 #'0'
      ADD R1 R0
      CALL DISPLAY R1
L:    LOADA R1 M(RET)
      BRR R1
RET:  0
```

図 3.19 数値の表示例

第 3 章の章末問題

問題 1　超簡単命令セットで STOREI が定義されていないのは LOADI に比べて得られるメリットが少ないからと本文で説明があるが，そのメリットとは何か？

問題 2　R1 に文字列の先頭アドレスを格納して呼ぶと R1 にその文字列の長さを格納して戻ってくるサブルーチン COUNT を書け．

問題 3　ラベル MSG の位置から 10 バイトの文字列（ただしアルファベット）が格納されているとする．この文字列を全て辞書式順番で次の文字に変換するプログラムを作れ．ただし，辞書式順番で次の文字とは a->b, D->E のようにすること．また，このプログラムのデータ領域を含むプログラムサイズを求めよ．

問題 4　サイエンス社 Web ページの本書のサポートページに超簡単命令セットのシミュレータを公開している．manual.pdf の説明を読んでプログラム例を入力し実行せよ．下図にシミュレータの表示画面を示す．

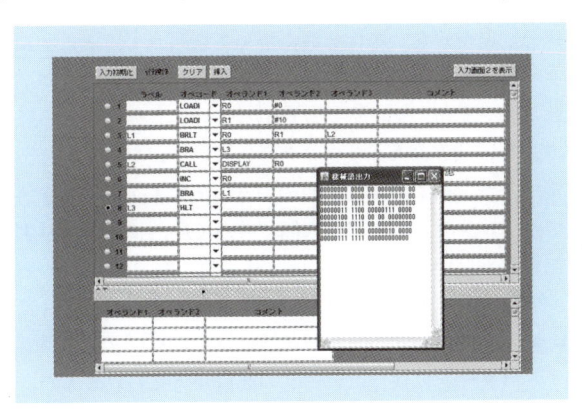

コラム

　1970年代にソフトウェア危機という言葉が流行りました．一般的に知られているのは，「このままで行くと西暦2000年には全人類がプログラマになってもプログラム開発者が不足する」という衝撃的な予測でした．で，現在，西暦2000年をとっくに過ぎていますが，全人類はプログラマになっていませんね．どうしてかというと，ソフトウェア工学という新しい学問領域が立ち上がり，プログラムの生産コストを劇的に下げたからなのです．このソフトウェア工学で最初に出てくるものがデータ構造と制御構造なのです．

　コンピュータが複雑な計算を行えるのは，プログラムで条件分岐命令を使えるからなのです．例えば1から1,000までの和を求めるプログラムは条件分岐命令を1回使うだけで簡単にコーディングできますが，これを $1+2+\cdots+1,000$ のように全て書き下すと大変なことになります．ところがコンピュータの性能が上がるにつれて，どんどん複雑なプログラムが実行できてしまうようになりました．すると当然のことながら，条件分岐命令も多数現れてくることになり，正しくコーディングすることが難しくなっていきました．いわゆるスパゲッティプログラムと呼ばれるのですが，プログラムを追っていくと分岐命令の嵐でとても解読することができない．そのようなプログラムにバグがあった場合，そのバグの修正は至難の業でした．そこで出て来たのが while とか for 文です．このループ文を使うことで，プログラムの制御が人間にとって劇的に理解しやすくなりました．これを制御構造といいます．

　同じように，データのアクセスも単に線形アドレスをもつメモリに無秩序に行うのでは，プログラムが複雑になるにつれて収拾がつかなくなります．そこでデータをアクセスするパターンに従ったデータの配置が考えられました．一番簡単なものは配列ですが，それ以外にもリスト，キュー，スタック，木構造などさまざまなものが考案され，アルゴリズムを考えるのに便利になってきました．これをデータ構造といいます．

　データ構造が整備されてくると，今度はそのデータ構造を前提としたコンピュータの設計方式が考案されてきました．そのため，データ構造を考慮するとプログラムが高速化されると思われがちですが，実は逆なのです．

　一般にデータ構造の考慮は，アルゴリズム開発の効率を良くし，可読性に優れた再利用可能なプログラムを開発することにつながります．効率の良いアルゴリズムをもとにしたプログラムが開発できるため，結果的に実行速度が速くなるという副作用もあります．

第4章
アドレス指定方式とアドレス命令形式

　一般に，初学者がアセンブリ言語によるプログラミングを行う場合，一番理解しにくいのがオペランドの与え方といわれています．前章の超簡単命令セットでさえ，オペランドの指定の仕方には即値，レジスタ，アドレス，レジスタ＋即値／アドレスと4種類あります．これが一般的な命令セットのオペランドの与え方になると，数十種類にもなります．このさまざまなオペランドの与え方のことをアドレス指定方式といいます．また，前章の超簡単命令セットでは，アドレスを指定できる命令において，アドレス指定のオペランドは1つしかありませんでしたが，一般の命令セットではそれ以外の場合もあります．これをアドレス命令形式といいます．本章では，アドレス指定方式とアドレス命令形式について説明していきます．

●本章の内容●
オペランドの指定
アドレス修飾とアドレス指定方式
アドレ命令形式
アドレス命令形式の評価
命令セット
代数記法とスタックマシン

4.1 オペランドの指定

前章の超簡単命令セットのオペランドには，即値，レジスタ，アドレスの3種類を単独もしくは組み合わせて指定できますが，これは一般的にも同じです．即値やレジスタの内容を値として直接使う場合，メモリ参照を行いませんので，その命令はすぐに実行されます．これに対して，アドレスを直接指定したり，レジスタの内容をアドレスとして指定する場合，メモリ参照を行うので，その命令はメモリ参照が終わるまでは実行されません．このようにアドレスを指定してメモリ参照[†]を行うことを**直接アドレス指定**と呼ぶことがあります．

C言語にはポインタ型変数というのがあります．例えば int *a; と宣言すると，メモリ中のポインタ型変数 a には，アドレスを値として入れることができます．ただし，そのアドレスは整数型変数を示すアドレスでなければいけません．今，int b; が宣言されていたとすると，a=&b; とすることで，a は b のアドレスを，*a は b の値を表すことができます．

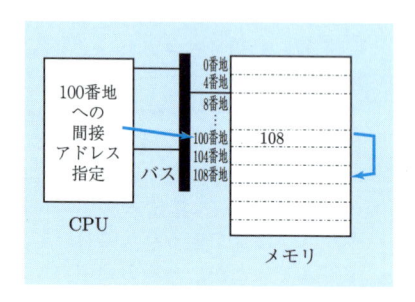

図 4.1　間接アドレス指定の例

図 4.1 においてポインタ型変数 a は 100 番地に，整数型変数 b は 108 番地にあるものとします．すると a=&b; は 100 番地に 108 を値として書き込むことになります．そして*aでメモリ参照を行うと，図 4.1 に示すように 100 番地のメモリ参照が，100 番地の値をアドレスとして解釈し，108 番地のメモリ参照を行うことになります．このようなアドレス指定のことを**間接アドレス指定**と呼ぶことがあります．

即値やレジスタの値を使う命令ではメモリ参照は行いませんが，直接アドレス指定ではメモリ参照を 1 回行います．これに対して間接アドレス指定ではメモリ参照を 2 回行います．従って間接アドレス指定を使う命令を多用すると実行速度が極端に遅くなってしまいます．このため最近の CPU ではメモリを 2 回参照する間接アドレス指定は使われなくなっています．

[†] メモリにデータを書き込んだりメモリからデータを読み込んだりすることです．

4.2 アドレス修飾とアドレス指定方式

直接アドレス指定で，オペランドにアドレスを直接指定してメモリ参照を行うアドレス指定方式のことを**絶対アドレス指定**方式と呼びます．絶対アドレス指定方式で与えられるアドレスは，プログラム中で明示的に与えられなければならないため，規則的なメモリ参照パターンに対するアドレスの自動更新のようなことはできず，プログラム開発効率が悪いのみならず，バグ[†]の発生リスクが極めて高いものとなります．例えば，図 4.2 のように配列要素を順番に参照していく場合を考えてみましょう．アセンブラコード中でこれらの配列要素の参照に対して，全て絶対アドレス指定で 1,000 番地からメモリ参照を書き下すよりは，ループ文を使って配列要素に対するインデックスをループ変数で表した方が効率的です．

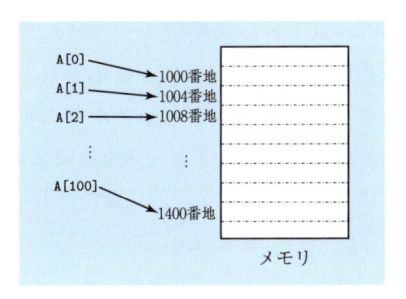

図 4.2 規則的なメモリ参照

メモリ参照を伴う命令において，そのオペランドから実際のアドレスを取り出す際，直接取り出すのではなく，何らかの処理を行ってアドレスを生成することを**アドレス修飾**といいます．アドレス修飾を用いて冗長なプログラムを簡潔なプログラムに変換することができたり，プログラムの実行性能を向上させたりすることが可能となるため，さまざまなアドレス修飾方法が考案されています．アドレス修飾を用いてアドレス指定する方式を**相対アドレス指定**方式と呼びます．相対アドレス指定方式では，**ベースレジスタ**や**インデックスレジスタ**と呼ばれる特殊なレジスタを使う場合もありますが，普通に使われるレジスタ[††]でこれらの代用をすることもあります．ベースレジスタは，何らかの基準となるアドレスを格納しておくレジスタで，データブロックの先頭アドレスやプログラムカウンタの値などを格納します．インデックスレジスタはベースア

[†]プログラムの誤りのこと．バグ（bug = 虫）を取ってプログラムを正しくすることをデバッグ（debug = 虫取り）という．

[††]超簡単命令セットで使った R_n のように演算命令のオペランドとなるレジスタのことで，汎用レジスタと呼ばれます．

ドレスからのインデックスとして使われます．以下，代表的なアドレス修飾方法について説明します．

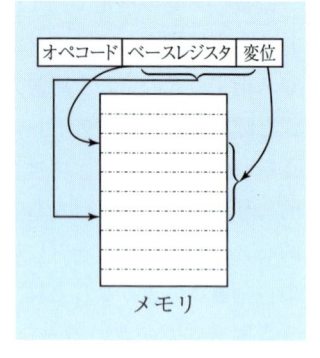

ベースアドレス指定　　ベースアドレス指定は，基準となるアドレスが格納されたベースレジスタと，その基準アドレスからの相対位置の2つのオペランドでアドレスを生成します．図 4.3 ではベースレジスタの値に**変位**（displacement）で与えられた値を足したアドレスが生成されます．ベースレジスタは汎用レジスタを使うこともあれば，専用の特殊レジスタとして用意されていることもあります．相対位置はオフセットや変位と呼ばれる整数値で，12 ビットや 16 ビットなど，アドレス空間全体と比較すると比較的狭い範囲に限定されます．ベースレジスタにはプログラムの先頭アドレスやプログラムカウンタの値，種々のデータブロックの先頭アドレスなどが格納されます．プログラムの先頭アドレスを格納する場合，変位がプログラム内での相対アドレスとなり，その結果，当該プログラムは再配置可能なものになります．これはマルチプログラミング環境で利用するのに有効なアドレス指定方式です．プログラムカウンタを格納する場合は，ループ文における分岐先を記述しやすくなります．C 言語における構造体は，任意のデータ型の変数を任意個数扱えるデータブロックですが，その先頭アドレスをベースレジスタに格納し，ブロック内の各メンバーの相対アドレスを変位で与えることで，構造体を扱うプログラムが記述しやすくなります．

図 4.3　ベースアドレス指定

インデックス付アドレス指定　　インデックス付アドレス指定では，アドレスもしくはベースレジスタとインデックスレジスタを与えて，当該アドレスもしくは基準となるアドレスからインデックスレジスタの値にスケールファクタを掛けた相対位置のアドレスを生成します．図 4.4 では与えられたアドレスにインデックスレジスタの値とスケールファクタを掛けた値が足されてアドレス

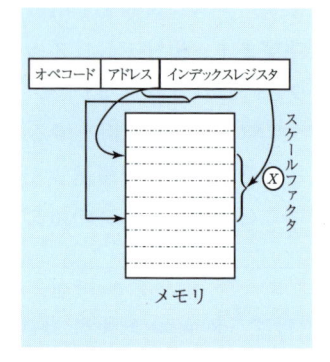

図 4.4　インデックス付アドレス指定

を生成しています．スケールファクタの与え方は（図 4.4 では明示していませんが）オペランドに含まれることが多いようです．

このアドレス指定方式は，配列のアクセスを行うのに非常に効果的で，スケールファクタは対象とする配列のデータ型に応じて 1, 2, 4, 8 のように指定します．例えば 32 ビット整数型の場合にはスケールファクタは 4 を与えます．前章 3.5 節で文字型 2 次元配列の任意の要素のアドレスの求め方を説明しましたが，32 ビット整数型の任意の要素のアドレスは次のように求めます．int a[N][M] で宣言されている 2 次元配列の (i,j) 要素のアドレスは，

$$\&a[i][j] = \&a[i][0] + 4 \times j = \&a[0][0] + 4 \times M \times i + 4 \times j = a + 4 \times (M \times i + j)$$

となり，アドレスに a を，インデックスレジスタに (M×i+ j) を，スケールファクタに 4 を指定して a[i][j] のアドレスを生成します．

インデックス付きベースアドレス方式

ベースアドレス方式にさらにインデックスを付けて変位も使えるのがインデックス付ベースアドレス方式です．C 言語で次のような構造体を使う場合を考えてみましょう．

```
struct example{
int a;
float b;
double c[100];}x;
```

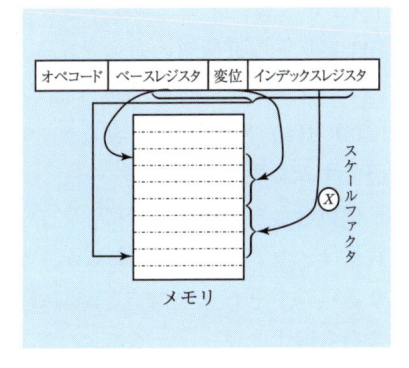

図 4.5 インデックス付ベースアドレス指定

ただし，int と float は 32 ビット，double は 64 ビットとします．ループ文中で x.c[0] から x.c[99] までを順にアクセスする場合，&x.c[i] は次のようにアクセスします．まず，ベースレジスタに &x.a を入れ，変位として 8（x.a と x.b の領域分）を指定し，インデックスレジスタに i を格納し，スケールファクタに 8 を指定します．

4.3 アドレス命令形式

前節ではメモリ参照をする際のアドレス指定についての説明をしましたが，どのような命令の場合にレジスタを使うのか，メモリ参照を行うのか，という説明は行っていません．前章の超簡単命令セットでは，メモリ参照を行うのは LOAD 命令と STORE 命令のみで，ADD や SUB などの演算子ではメモリ参照や即値を指定することはできず，レジスタのみ使用可能でした．一方，数学的な記法での算術演算は c=a+b のように 2 項演算子と 3 個の変数を使いますので，アセンブリ言語で表現すると，「ADD M(c)[†] M(a) M(b)」のようにオペランドを 3 個使って表すのが自然でしょう．これら 3 個のアドレス指定に例えば絶対アドレス指定を使った場合，オペコードのビット長を 8 ビット，32 ビットアドレス空間を仮定しても，この命令長は 104 ビットとなってしまいます．32 ビット CPU では，メモリの読み書きを 32 ビット単位で行うので，この表し方だと 104 ビットの機械語の命令を読み込むのに 4 回[††]のメモリ参照が必要となってしまいます．そこで，高級言語で広く使われる a=a+b のような記法を使えば，「ADD M(a) M(b)」で表現でき，命令長は 72 ビット，すなわち 3 回のメモリ参照ですみます．

機械命令を定義する際に，どのような命令の種類があるか，アドレス指定方式にはどのようなものがあるか，の 2 点は必要なことであり，それ以外に，1 命令あたりアドレスの指定を何個できるか，というのがあります．これを**アドレス命令形式**と呼び，上で述べたアドレスを 3 個使う場合を 3 アドレス命令形式，アドレスを 2 個使う場合を 2 アドレス命令形式といいます．以下，アドレス命令形式に関する説明を行います．以後本章では 1 回のメモリ参照（32 ビット）に要する時間を 10_{MC}（マシンクロック）とします．また加算は 1_{MC} で実行できるとします．マシンクロックとはコンピュータを動作させる時間単位です．

3 アドレス命令形式 先に述べた 3 アドレス命令形式で ADD M(c) M(a) M(b) を実行した場合，図 4.6 で示すように，a ならびに b のメモリ参照が行われ，加算器で加算を行った結果を c に書き込みます．この命令を実行するの

[†] 超簡単命令セットのアセンブラコードと同じく，ラベル c でアドレスを指定するものとします．

[††] 実際には最適化されて 1 回で済むようになっています．

4.3 アドレス命令形式

に必要な時間は 31_{MC} となり，絶対アドレス指定でオペランドを与えた場合，命令長は 104 ビットとなります．従って，命令を読み込むには 40_{MC} 別にかかります．命令長を小さくするには例えばベースアドレス指定などを使えば良いわけです．

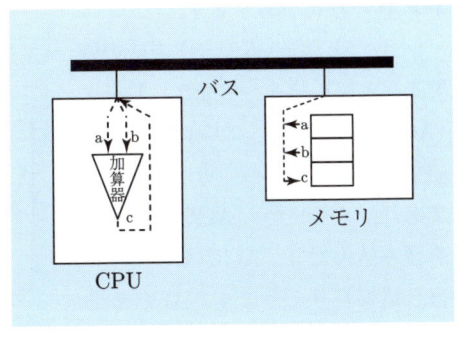

2 アドレス命令形式　先に述べた 2 アドレス命令形式で ADD M(a) M(b) を実行した場合，図 4.7 で示すように，a ならびに b のメモリ参照が行われ，加算器で加算を行った結果を a に書き込みます．この命令を行うのに必要な時間は 3 アドレス命令形式と同じく 31_{MC} となりますが，絶対アドレス指定でオペランドを与えた場合，命令長は 72 ビットとなり，命令を読み込むには 30_{MC} かかります．命令長に関しては，アドレス指定方式を工夫することで更に小さく定義することができます．

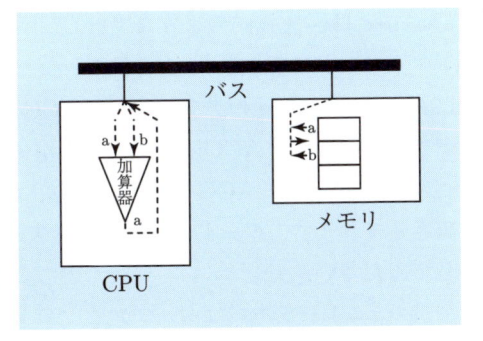

図 4.6　3 アドレス命令形式

図 4.7　2 アドレス命令形式

　これらのアドレス命令形式では，メモリ中のデータに対して直接演算を行うことができるので，アセンブラコードの可読性は良いのですが，全ての演算でメモリ参照を行わなければならない必要があります．

1 アドレス命令形式　a=a+b+c を 2 または 3 アドレス命令形式で計算させる場合，a=a+b, a=a+c の 2 ステップにわけて計算をする必要があり，メモリに 4 回の読み込みと 2 回の書き込みが必要になります．最初の a+b は計算結果をメモリに書き戻してから，すぐにその値を読み込むことになるので，無駄な動作といえるでしょう．1 アドレス命令形式はコードの可読性が劣る反面，このような無駄な動作が少なくなります．1 アドレス命令形式には汎用レジスタを使わないアキュムレータ方式と，汎用レジスタを使うレジスタメモリ方式，ロー

第4章 アドレス指定方式とアドレス命令形式

ドストア方式があります．

図4.8はアキュムレータ方式の概要を示しています．アキュムレータ（ACC）とはCPUの中にある演算結果を格納するための専用レジスタであり，メモリからACCにデータを読み込んだり，ACCをメモリに書き込んだりできます．ACCからメモリ参照を行う際にはCPU内にあるロードストア装置を使います．a=a+b+cは図4.8内のようなアセンブラコードになります．1行目のLOADではラベルaのアドレスからACCに読み込み，2行目ではラベルbのアドレス位置の値とACCを足した結果がACCに書き込まれます．3行目ではラベルc位置の値がACCに足し込まれ，4行目でACCの値がラベルa位置に書き込まれます．ロードが3回，ストアが1回しか行われていないことに注意してください．

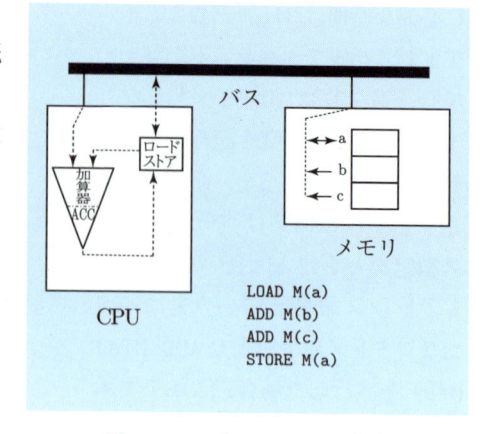

```
LOAD M(a)
ADD M(b)
ADD M(c)
STORE M(a)
```

図4.8 アキュムレータ方式

アキュムレータ方式は古いコンピュータアーキテクチャで，現在はほとんど使われていません．アキュムレータ方式でACCの代わりに複数の汎用レジスタを使えるようにしたのがレジスタメモリ方式です．図4.9はレジスタメモリ方式の一例を示しています．この例では演算を行う際に計算結果はレジスタに格納するようになっています[†]．a=a+b+cは図4.9内のアセンブラコードになり，命令数もメモリ参照回数も

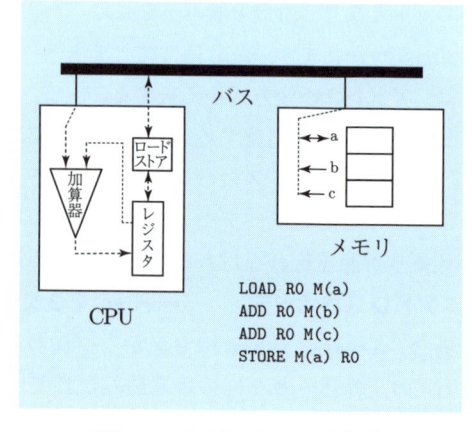

```
LOAD R0 M(a)
ADD R0 M(b)
ADD R0 M(c)
STORE M(a) R0
```

図4.9 レジスタメモリ方式

[†]図4.9の加算器からメモリに書き込めるような回路を作って Op M(a) R0 のようなメモリ参照を2回行う命令を付け足すことも可能です．

アキュムレータ方式と同じになります．

上記レジスタメモリ方式では演算命令も1回だけメモリ参照を行いますが，メモリ参照はロードストア命令に限定して，演算命令は全てレジスタを使うようにしたのがロードストア方式です．図4.10はロードストア方式の一例とa=a+b+cのアセンブラコードを示しています．メモリ参照回数はレジスタメモリ方式と同じですが，命令数が6と増えています．

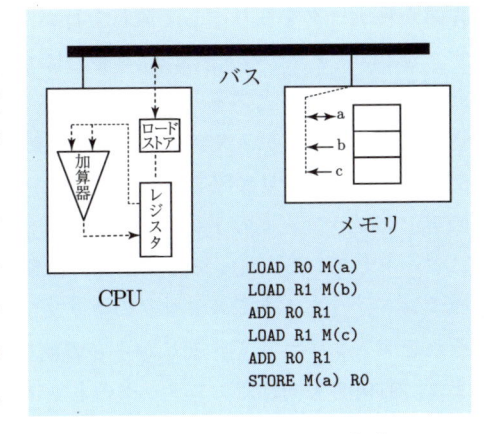

```
LOAD R0 M(a)
LOAD R1 M(b)
ADD R0 R1
LOAD R1 M(c)
ADD R0 R1
STORE M(a) R0
```

図4.10　ロードストア方式

レジスタ指定のオペランドのビット長を4ビットとした場合，アキュムレータ方式のプログラムサイズは $(8+32) \times 4 = 160$ ビット，レジスタメモリ方式は $(8+4+32) \times 4 = 176$ ビット，ロードストア方式の場合は $(8+4+32) \times 4 + (8+4+4) \times 2 = 208$ ビットとなり，ロードストア方式はあまり有効でないように思えますが，次章で説明するように，ロードストア方式はレジスタメモリ方式と並んで現在の主流といってよいでしょう．

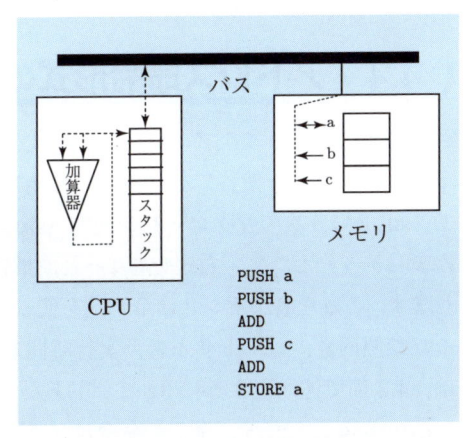

0アドレス命令形式　0アドレス命令形式はオペランドにアドレスを指定しないことを意味します．図4.11では代表的な0アドレス命令形式であるスタックマシンの一例を示しています．ここではCPUの中にスタック†を持ち，スタックの

```
PUSH a
PUSH b
ADD
PUSH c
ADD
STORE a
```

図4.11　0アドレス命令形式

---

†スタックとはデータ構造の1つでデータを後入れ先出しで管理します．メモリは番地でデータを管理するのに対して，スタックは出し入れの順番だけで管理できるので，ハードウェアで実装する場合，コストが安くなります．

先頭からデータを取り出して演算を行い，その結果をスタックの先頭に戻します．例えばスタックの先頭に x，2番目に y というデータが格納されていて，ADD命令が実行されるとスタックの先頭からデータが2つ（x と y）加算器に読み込まれ，計算結果がスタックの先頭に格納されます．また，この例では PUSH と STORE というメモリ参照を行うための命令があります．図 4.11 で示す a=a+b+c のアセンブラコードの1行目では，一見するとアドレス a のデータをスタックにロードしている（従って1アドレス命令形式）ように思えますが，PUSH のオペランドは，あくまでスタックのトップであり，a を単なる値として読み込み，それをアドレスとしてメモリから a の値を取ってきてスタックのトップに置きます．STORE も同様で，スタックのトップにある a を読み込み[†]，それをアドレスとして，スタックのトップの値を a に書き込みます．a=a+b+c のアセンブラコードでは，PUSH（LOAD に相当）が3回，STORE が1回で，プログラムサイズは $(8+32) \times 4 + 8 \times 2 = 176$ ビットとなります．

スタックマシンはアキュムレータ方式同様，古くから考案され実装されてきましたが，次章で説明する RISC が出現してきたころにはあまり使われなくなっていきました．しかしながら最近ではスタックマシンの考え方が Java 仮想マシンに使われていたりして，将来再び脚光を浴びるかもしれません．

4.4 アドレス命令形式の評価

前節ではさまざまなアドレス命令形式について説明しましたが，本節では簡単なプログラムを使ってそれぞれの性能を評価します．簡単なプログラムとして，$\sin x$ の5次のマクローリン展開（$\sin x \fallingdotseq x/1! - x^3/3! + x^5/5!$）を考えてみましょう．ただし，右辺をちょっと簡単にして，$x \times (1 - x^2/6 + x^4/120)$ とします．これを各アドレス命令形式を使ってプログラムにして，その命令数，メモリ参照回数，コードサイズ，実行時間を算出します．実行時間算出に際しては，4.3節で述べたように32ビットあたりのメモリ参照に 10_{MC}，演算命令に 1_{MC} かかるとします．全ての命令はメモリ参照完了後に命令が実行されるものとします．また，アセンブラコード中で即値やレジスタを使っていますが，こ

[†] スタックのトップの値を読み込んだ時点で，スタックの2番目がトップに自動的に変わります．

4.4 アドレス命令形式の評価

```
MUL X2 X X              LOAD X              LOAD R0 X           LOAD R0 X           PUSH X
MUL X4 X2 X2            MUL X               MUL R0 X            MUL R0 R0           PUSH 1
DIV T1 X4 120           STORE T1            STORE T1 R0         LOAD R1 0           PUSH X
DIV T2 X2 -6            MUL T1              LOAD R1 T1          ADD R1 R0           PUSH X
ADD T1 1 T1             DIV 120             MUL R1 T1           MUL R1 R1           MUL
ADD T1 T1 T2            STORE T2            DIV R1 120          LOAD R2 120         PUSH -6
MUL T1 X T1             LOAD T1             STORE T1 R1         DIV R1 R2           DIV
       (a)              DIV -6              DIV R0 -6           LOAD R2 -6          PUSH X
                        ADD T2              ADD R0 1            DIV R0 R2           PUSH X
ADD T1 X                ADD 1               ADD R0 T1           ADD R0 R1           MUL
MUL T1 T1               MUL X               MUL R0 X            LOAD R1 1           PUSH X
ADD T2 T1               STORE T1            STORE T1 R0         ADD R0 R1           PUSH X
MUL T2 T2                  (c)                 (d)              LOAD R1 X           MUL
DIV T2 120                                                      MUL R0 R1           MUL
DIV T1 -6                                                       STORE T1 R0         PUSH 120
ADD T1 1                                                             (e)            DIV
ADD T1 T2                                                                           ADD
MUL T1 X                                                                            ADD
       (b)                                                                          MUL
                                                                                    STORE T1
                                                                                         (f)
```

図 4.12 各アドレス命令形式によるプログラム

れらは命令実行中に即座に当該ユニットに供給されるものとします．各アドレス命令形式は，(a) 3 アドレス命令形式，(b) 2 アドレス命令形式，(c) アキュムレータ方式，(d) レジスタメモリ方式，(e) ロードストア方式，(f) スタックマシンとします．なお，オペコードのサイズは 8 ビットで，オペランドはメモリ参照 32 ビット，即値 16 ビット，レジスタは 4 ビットとします．

図 4.12 に各方式でのアセンブラコード例を示します．オペランドで指定している変数は，アドレスを意味します．いずれの方式も最終的な値はラベル T1 に格納されるものとします．また，ラベル X には適当な初期値が格納されており，それ以外のラベル位置は 0 が格納されているものとします．これに対してレジスタの初期値は保障されていないものとします．例えば (b) の 1 行目ではラベル T1 での初期値は 0 で，ADD T1 X で X の値が T1 にコピーされることになりますが，(e) の 3 行目ならびに 4 行目ではレジスタ R1 を 0 で初期化してから R0 を R1 にコピーしています．表 4.1 に各プログラムから算出された性能評価値を示します．ここで命令数はアセンブラコードの行数，メモリ参照回数は

プログラム中でのメモリ参照回数，コードサイズは各命令の語長の総和（ビット），実行時間はプログラムのロード時間を含めた実行時間を意味します．コードサイズの算出式は，

(a) $(8+32\times 3)\times 4+(8+32\times 2+16)\times 3$

(b) $(8+32\times 2)\times 6+(8+32+16)\times 3$

(c) $(8+32)\times 9+(8+16)\times 3$

(d) $(8+4+32)\times 9+(8+4+16)\times 3$

(e) $(8+4+32)\times 3+(8+4+16)\times 4+(8+4\times 2)\times 8$

(f) $(8+32)\times 8+(8+16)\times 3+8\times 9$

となります．(a)〜(d) は各行とも語数が同じなのですが，(e) と (f) は LOAD/STORE/PUSH 命令と演算命令では語数が違うことに注意してください．また，実行時間の算出式は $(\lceil コードサイズ/32 \rceil^{\dagger}+メモリ参照回数)\times 10_{\rm MC}+演算回数\times 1_{\rm MC}$ で計算しています．コードサイズを 32 ビットで割って 32 ビットごとのプログラムのロード回数を計算している部分はずいぶんと大まかな計算のように見えますが，実際はこの計算の方がより正確になっています．

表 4.1　各方式の評価結果

	(a)	(b)	(c)	(d)	(e)	(f)
命令数	7	9	12	12	15	20
メモリ参照回数	18	24	9	9	3	8
コードサイズ	680	600	432	480	372	464
実行時間 (MC)	407	439	242	252	165	220

表 4.1 の結果から読み取れることは次のようなことになります．3 または 2 アドレス命令形式では命令数は少ないがメモリ参照回数が多く，実行時間も長いのに対し，ロードストア方式とスタックマシンでは命令数は多いですが，メモリ参照回数は少なく実行時間も短くなっています．アキュムレータ方式とレジスタメモリ方式はその中間的な結果になっています．アキュムレータ方式とレジスタメモリ方式では，アキュムレータ方式の方が優れているように見えますが，これは対象となるプログラムの変数が少ないからで，一般にはレジスタ

$^{\dagger}\lceil x \rceil$ は実数 x に対して x 以上の最小の整数として定義され，天井関数と呼ばれます．

メモリ方式の方が優位になります．また，3または2アドレス命令形式の実行時間が極端に長くなっていますが，これはメモリ参照時間を10_{MC}と決めたことに主たる原因があります．実際，1990年前後のスーパコンピュータでは，バスやメモリに高速なものを使っていたため，これらの命令形式が使われることが多かったのです．また，3または2アドレス命令形式のコードサイズが大きい原因は，さまざまなアドレス修飾を使っていないことが原因となっており，実際のプログラムではむしろコードサイズは他の命令形式に比べて小さくなります．

4.5 命令セット

　前章では機械命令の種類を実例をあげて説明し，本章ではここまでアドレス指定方式とアドレス命令形式について説明してきました．命令セットとは，CPUの定義を行うもので，コンピュータの構成の中核をなすものとなっています．一般に命令セットとは，使用する機械命令の種類，各機械命令で使えるアドレス指定方式，各機械命令で指定するアドレス命令形式，データ型，利用できるレジスタの種類と個数，の5要素で規定されます．例えば超簡単命令セットは，第3章の3.4節で説明した16種類の機械命令を，絶対アドレス指定，ベースアドレス指定，インデックス付アドレス指定のアドレス指定方式を使って，ロードストア方式のアドレス命令形式で記述され，使えるデータ型は8ビット符号付整数，汎用レジスタ4個利用可能と規定されるのです．

　現在使われているコンピュータには，Windowsのパソコン，MacOSのパソコン，それにサーバ（企業や大学などで使われる高価高性能なコンピュータ）がすぐにあげられますが，Windowsのパソコンに使われるCPUの命令セットの特徴はレジスタメモリ方式のアドレス命令形式であるのに対し，MacOSのパソコンやサーバのCPUではロードストア方式が使われているという違いがあります．これは実はCISCとRISCの違いなのですが，詳しくは第5章で説明します．

4.6 代数記法とスタックマシン

4.4 節のプログラム例で，(a)〜(e) までのアセンブラコードは何となく理解できるけど，(f) のスタックマシンのアセンブラコードは何をやっているのか全然分からない，という人が多いと思います．本節では，スタックマシンのプログラムの書き方について少しだけ解説します．

一般に使われる代数記法で，式は次のように書かれます．

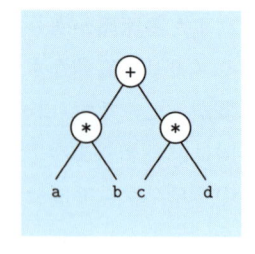

図 4.13 木構造の例

(数値 or 変数 or 式) 演算子 (数値 or 変数 or 式)

任意に与えられた式は演算子をノードに，数値もしくは変数を終端ノードに持つ木構造で表すことができます．例えば，a*b+c*d は図 4.13 のように表すことができます．木構造の探査をしてノードの情報を集める場合，図 4.14 の 1 の位置で拾ってくると図 4.13 は +*ab*cd となり，2 の位置だと a*b+c*d，3 の位置だと ab*cd*+ となります．2 の位置での記法は通常使う代数記法ですが，1 の位置での記法を**ポーランド記法**（前置記法），3 の位置での記法を**逆ポーランド記法**（後置記法）と呼びます[†]．スタックマシンのプログラミングに使うのは逆ポーランド記法で，左から変数や値があれば PUSH，演算子があれば演算命令に置き換えればアセンブラコードになります．ab*cd*+ は図 4.15 のようになります．4.4 節の例も逆ポーランド記法に変換すると x1xx*6xx**xx**120/+-* となり，簡単にアセンブラコード化できます．

逆ポーランド記法はスタックマシンで使われる以外に，通常のロードストア方式やレジスタメモリ方式の命令セットのコンピュータのコンパイラで使われます．高級言語のプログラムをコンパイラが読み込むと，字句解析，構文解析という処理を経て逆ポーランド記法に変換

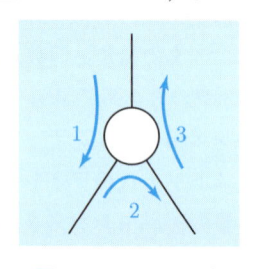

図 4.14 木の探査

```
PUSH a
PUSH b
MUL
PUSH c
PUSH d
MUL
ADD
```

図 4.15 例

[†] ポーランド記法は上の例を括弧をつけて書き直すと，(+(*ab)(*cd)) となり，これは Lisp のプログラムになります．

された解析木と呼ばれるコンパイラの内部表現形式に変換され，そこでプログラムを効率良く走らせるための最適化という処理が行われます．この最適化を行うのに逆ポーランド記法は都合の良い表現形式をしているのです．詳しくは本ライブラリの『コンパイラ入門』を読んでください．

第4章の章末問題

問題1 直接アドレス指定と絶対アドレス指定の違いは何か説明せよ．

問題2 ベースアドレス指定やインデックス付アドレス指定がなぜ出現したかについて考察せよ．

問題3 クロック周波数が1GHz，CPI (Cycles Per Instruction, 1命令を実行するにあたり必要なマシンクロック数) が0.5のプロセッサを使って，A=B*(B+C)-C*(C+B)のアセンブリ言語によるプログラミングを行う．以下の問いに答えよ．ただし，このプロセッサは命令8ビット，レジスタ指定8ビット，主記憶アドレス指定32ビットとし，使える命令はADD, SUB, MUL, LOAD, STOREである．また，A, B, Cはラベルとして使えるものとする．

1) 2アドレス命令形式ならびにロードストア命令形式の2種類を使い，アセンブリ言語で最適にプログラミングせよ．
2) 2アドレス命令形式，ロードストア命令形式のそれぞれのプログラムを実行する時に，性能を最高にするためのメモリアクセス時間を求めよ．

第5章
CPU

　前章まではコンピュータのしくみを直観的に理解してもらうことを目的にコンピュータアーキテクチャの基本について概説してきました．ここからはコンピュータを構成する各要素の詳細な説明を行います．本章では CPU についての説明で，演算器やパイプライン，RISC と CISC など，入門書の範囲を少々逸脱しているところもありますが，できるだけ分かり易く書いたつもりです．

●本章の内容●
CPU とプロセッサ
CPU の構成
整数演算器
浮動小数点演算器
命令パイプライン
マイクロプログラム方式
縮小命令
RISC と CISC

5.1 CPUとプロセッサ

　第2章ではチューリングマシンからノイマン型コンピュータを導出するのにCPUの説明を少し行いましたが，本章ではそのCPUの構成について説明を行います．その前に，CPUとプロセッサの違いについて説明しておきます．プロセッサまたはマイクロプロセッサとは，CPUをチップ化したものです．図5.1は30年ほど前に科学技術計算でよく使われたDEC社のVAX 11/780というコンピュータです．この写真全体で1台のコンピュータシステムを構成しており，画面奥のキャビネットにはCPU（中央処理装置）が入っています．

　図5.2はVAXのCPUボードです．約40 cm×30 cmのCPUボード20枚を使ってVAX 11/780のCPUを構成していました．当時はこのように複数のボードで1つのCPUを構成するのが普通でしたが，ちょうど同時期にCPUを1つのVLSIチップに詰め込んだ1チップCPUが出現しました．この1チップCPUのことをマイクロプロセッサとか単にプロセッサと呼ぶようになり，現在に至っているのです．

　図5.3はVAX 11/780より5年ほど後に現れたインテル社の80286です．パソコン用の16ビットCPUとして大ヒットしたものですが，約3 cm×3 cmのサイズにもかかわらず単純な計算速度のみを比較すると，VAX 11/780と同等の性能を有し

図5.1　VAX 11/780
（『VAXアーキテクチャハンドブック』，日本ディジタルイクイップメント株式会社教育部（編），共立出版，より転載）

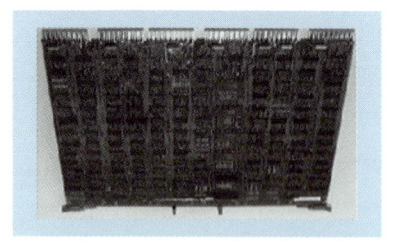

図5.2　VAXのCPUボード
（提供：日本ヒューレット・パッカード株式会社）

図5.3　Intel 80286
（提供：インテル株式会社）

ていました．ただし，VAX 11/780 は 32 ビット CPU であり，基本的な演算命令以外にも数多くの演算命令を持っていたのに対し，80286 は 16 ビットの整数演算しかハードウェアで行えませんでしたので，同等というには無理がありますが．

現在はマルチコアプロセッサが多くなってきましたが，これは 1 チップに複数の CPU を詰め込んだプロセッサと考えてよいでしょう．

5.2 CPU の構成

CPU の構成は多種多様であり，与えられた命令セットが同じでも全く異なる構成の CPU はいくらでも設計できます．本節では CPU の一般的な構成について説明します．図 5.4 は CPU の構成例を示しています．ここでは，**SRAM** で実装される**命令キャッシュ**と**データキャッシュ**[†]，順序回路で実装される専用レジスタ，汎用レジスタ，組み合わせ回路と一部順序回路で実装される**フェッチユニット**，**デコードユニット**，ロードストアユニット，演算装置，制御装置で構成されている例を示しています．アドレス命令形式はロードストア方式とします．SRAM やキャッシュメモリについては第 6 章で説明します．専用レジス

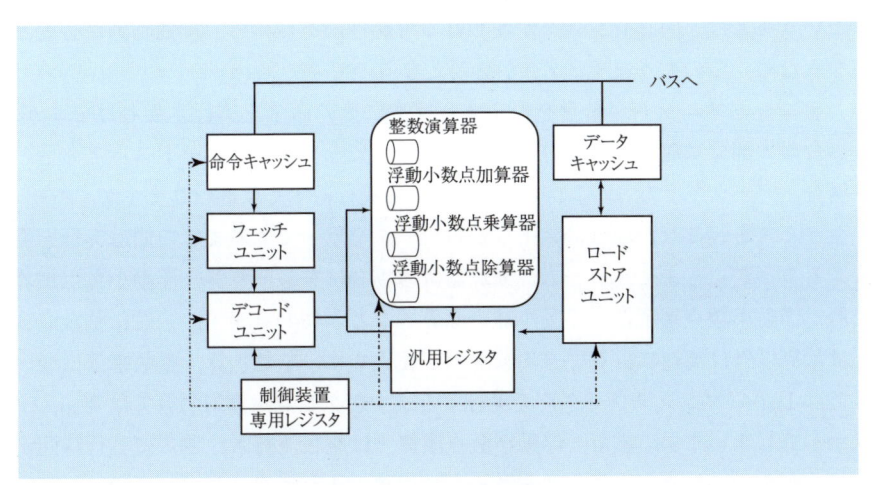

図 5.4　CPU の構成

[†] 命令キャッシュとデータキャッシュについては第 6 章の 6.4 節で説明します．

タとは、プログラムカウンタや命令レジスタ、ベースレジスタ、インデックスレジスタなど、特定の目的のために主に OS によって使われるレジスタのことです。これに対して汎用レジスタはデータを格納するためのものであり、それ以外にもアドレスを格納する場合もあります。

フェッチユニットは専用レジスタの 1 つであるプログラムカウンタの値をメモリのアドレスとして、そのアドレス位置から命令をフェッチします。当該アドレスの命令が既に命令キャッシュに入っている場合は、バスに対して新たなリクエストを出すことなく当該命令が命令キャッシュからフェッチされます。命令キャッシュにない場合はバスに対してリクエストを行い、そのアドレスを含む連続メモリ領域が命令キャッシュに格納され、同時に当該命令がフェッチされます。フェッチされる先は専用レジスタである命令レジスタになります。

命令レジスタに格納された命令はデコードユニットによってオペコードの判別が行われ、得られたオペコードの種類によってオペランドが特定されます。オペランドが汎用レジスタであれば[†]当該レジスタが利用可能かどうかのチェックを行います。レジスタが利用可能かどうかのチェックというのは、次節以降を読まなければ理解できないのですが、簡単に説明すると、現在の CPU は常に複数の演算器が動いている状態が普通なのです。複数の演算器が動作しているということは、同じレジスタが使われる可能性があるので、排他制御が必要となるため、このようなチェックが必要となるのです。

デコードユニットが命令を特定すれば次にその命令を実行するわけですが、命令の大部分は演算命令とロードストア命令になります。ロードストア命令の場合、データキャッシュにヒットすればその実行はすぐに終わりますが、キャッシュミスを起こした場合はメモリからデータを取ってくるまでの間は実行を終えることができません。一方、演算命令の場合は整数演算器、浮動小数点加算器、浮動小数点乗算器、浮動小数点除算器などが使われます。一般に整数演算は除算以外は高速に計算できる演算器が使えます。整数加算、整数乗算については 1_{MC} （マシンクロック）で実行できますが、整数除算剰余算では 数$_{MC}$ かかってしまいます。また、浮動小数点演算では整数演算よりさらに実行時間が長くかかってしまうため、さまざまな高速化手法が考案されています。

[†]ロードストア方式以外であれば、オペランドがアドレス修飾を伴うアドレス指定である場合、整数演算器を使ってアドレス計算を行います。

5.3 整数演算器

本節では整数演算器についての紹介と，その高速化手法について説明します．

加算器 1ビットの加算を行う加算器には**半加算器**（HA: Half Adder）と**全加算器**（FA: Full Adder）があります．1ビット数の x_0 と y_0 を入力して，その和 s_0 とキャリー（桁上がり）c_0 を計算するのが半加算器で，1ビット数の x_i と y_i，キャリー c_{i-1} を入力して，その和 s_i とキャリー c_i を計算するのが全加算器です．全加算器を複数個直列に接続することによって複数ビットの加算を行うことができます．図 5.5 は n ビットの加算を行うために，n 個の全加算器を接続した**逐次桁上げ方式**による加算器です．これで n ビットの加算はできるようになりますが，このままでは問題があります．この n ビット加算器を1回実行するのに全加算器を n 回逐次的に実行しなければならず，さらに各全加算器は図 5.6 で示すように数個の論理素子を通らなければなりません．現在の VLSI で論理素子は CMOS というトランジスタ数個を使って実装されていますが，CMOS の動作速度は数ナノ秒（集積度によって違う）であるため，CMOS を数百個も逐次的に使う逐次桁上げ方式の加算器では計算速度に問題があるわけです．

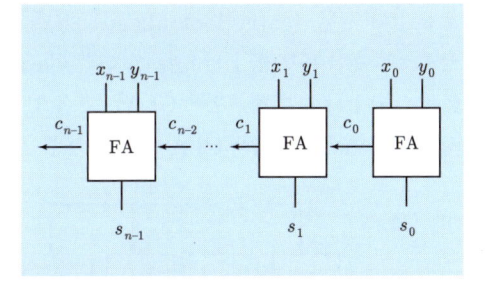

図 5.5 $x_{n-1}\cdots x_2 x_1 x_0 + y_{n-1}\cdots y_2 y_1 y_0$ の計算

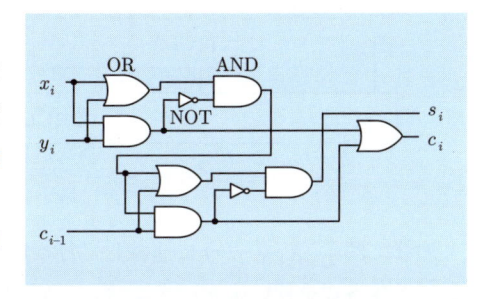

図 5.6 全加算器の例

多ビット加算器を高速実行させるためにさまざまな方法が開発されてきました．その代表的なものは**桁上げ先見方式**と呼ばれる方法です．一般に n ビット加算においてキャリー c_i は次の式で得ることができます．

$$c_i = x_i y_i + c_{i-1}(x_i \oplus y_i)$$

c_i を求めるのに下位ビットの c_{i-1} を必要とするため，逐次的な加算となってしまうのですが，c_{i-1} は c_{i-2} が得られれば求まるので，再帰的に式を展開していけば，c_{-1} すなわちキャリーの初期値（通常は 0）を与えることで全て事前に計算できます．これなら全ての桁の全加算器を並列に計算できるのですが，キャリーの事前計算は桁数が増えれば計算量が爆発してしまうので，図 5.7 のように階層的に計算することで計算量を抑えつつ高速計算が可能となります．これを桁上げ先見（carry look-ahead）方式といいます．ここでは詳細は説明しませんが，第 1 段の桁上げ先見器（1$^\text{st}$ Carry Look-Ahead）からの情報を元に第 2 段の桁上げ先見器（2$^\text{nd}$ CLA）で各 1$^\text{st}$ CLA への初期キャリーを計算して，その値をもとに各 1$^\text{st}$ CLA で全てのキャリーが計算されます．

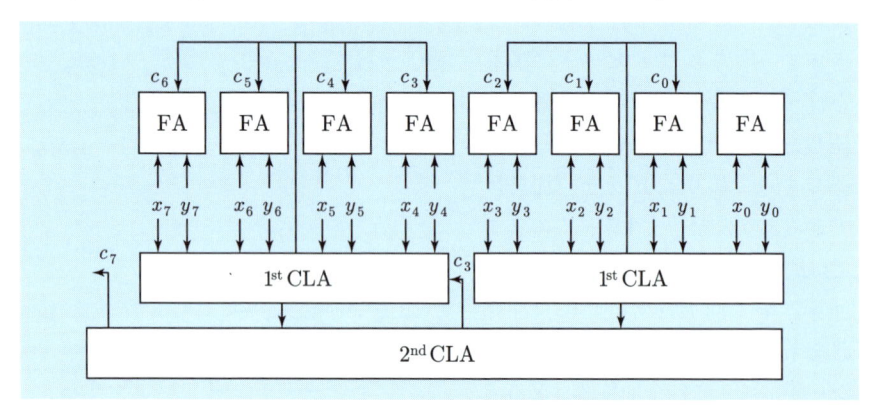

図 5.7　桁上げ先見方式

加算には $\sum X_i$ のように連続して行う場合があります．このような時には**桁上げ保存方式**を使います．まず $X_1 + X_2$ のキャリーなしの和を S_1，キャリーを C_1 とすると，キャリーありの本当の和は $S_1 + 2C_1$ で求めることができます．$2C_1$ は C_1 を左に 1 ビットシフトすれば求まります．そこで S_1，C_1 の 1 ビット左シフト結果と X_3 を各桁ごとに全加算器に入れれば $X_1 + X_2 + X_3$ のキャリーなしの和 S_2，キャリー C_2 が求まります．以下同様にすることで $\sum X_i$ を高速に計算することができます．桁上げ保存方式の加算器は次に説明する乗算器で使われます．

5.3 整数演算器

乗算器 誰もが子供の頃苦労して覚えた乗算の九九ですが，コンピュータ用では随分と楽です．なぜなら2進数だから1の段しかないからです．図5.8のように，基本的に演算器で行う乗算は部分積の和で計算を行いますが，乗数が1の場合は被乗数をコピーして乗数の桁に応じて左シフトしたものが部分積に，乗数が0の場合は計算をスキップできます．部分積の和には桁上げ保存方式の加算を使うことができます．

```
            1 0 0 1
      ×     1 0 1 1
            1 0 0 1
          1 0 0 1
        0 0 0 0
      1 0 0 1
      1 1 0 0 0 1 1
```

図 5.8 2進数による乗算

この考えをそのまま実現したのが配列乗算器です．配列乗算器の例を示すために図5.9で示す4ビットの乗算を考えてみましょう．乗数 y_i に対する被乗数 $x_3 x_2 x_1 x_0$ の部分積は y_i が1の時には被乗数を i だけ左にシフトすればよく，0の場合はそのまま0となります．次に部分積の和ですが，これは桁上げ保存方式を使うことで連続する加算を高速に実行できます．ただし，最後の部分積のキャリーなし和とキャリー部の加算は例えば桁上げ先見方式を使います．このようにして構成されるのが図5.10に示す配列型乗算器です．配列型乗算器は全加算器を規則的に配置することから集積回路との親和性が高いことで知られています．

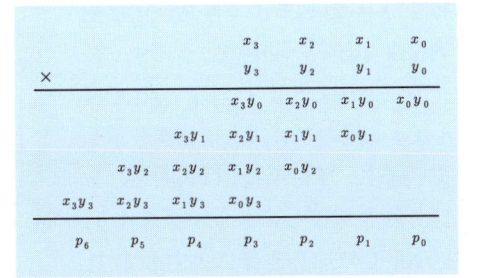

		x_3	x_2	x_1	x_0
×		y_3	y_2	y_1	y_0
		$x_3 y_0$	$x_2 y_0$	$x_1 y_0$	$x_0 y_0$
	$x_3 y_1$	$x_2 y_1$	$x_1 y_1$	$x_0 y_1$	
	$x_3 y_2$	$x_2 y_2$	$x_1 y_2$	$x_0 y_2$	
$x_3 y_3$	$x_2 y_3$	$x_1 y_3$	$x_0 y_3$		
p_6	p_5	p_4	p_3	p_2	p_1	p_0

図 5.9 4ビットの乗算の一般形

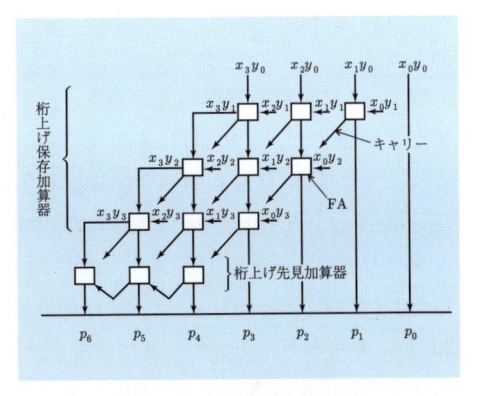

図 5.10 配列型乗算器

配列型乗算器では i 桁の乗算を行うのに，最後の桁上げ先見加算を

含めて i ステップ必要となり，桁数が増えると処理速度が十分に速くありません．**ワレス木乗算器**は部分積の和に木構造を巧妙に導入してこの問題をクリアしました．図 5.11 の 8 ビット数の乗算を例に取ってワレス木乗算器の説明を行います．乗数は $y_7 y_6 \cdots y_0$，被乗数は $x_7 x_6 \cdots x_0$ の 8 ビット数で，部分積を Xy_i とします．各部分積は配列型乗算器での説明のようにすぐに得ることができます．図 5.12 では 8 ビット用のワレス木乗算器を示しています．ワレス木では入力される部分積 3 個ごとにグループを作り，Level 1 の加算器群に入力します．Xy_0, Xy_1, Xy_2 の部分積は加算器群①に入力され，キャリーなしの部分和①-s とキャリー①-c を出力します．

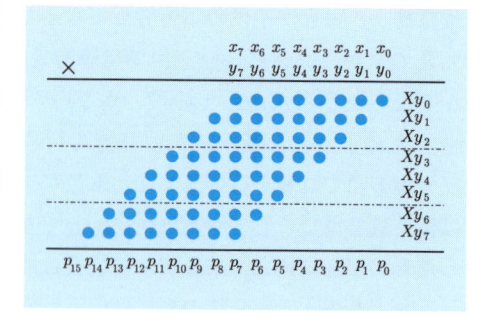

図 5.11 8 ビットの乗算

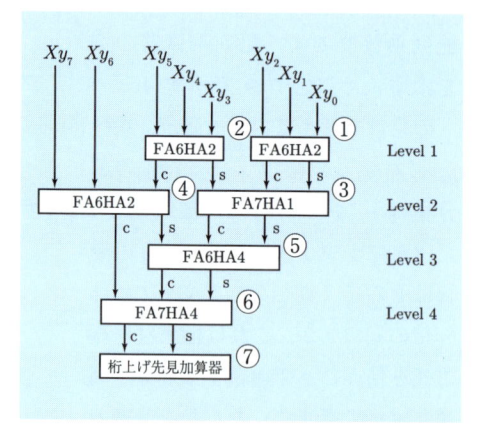

図 5.12 ワレス木乗算器

図 5.13 に各加算器群の入出力を示していますが，その①にあるように，加算器群①は 6 個の全加算器と 2 個の半加算器で構成されます．同様に部分積 Xy_3, Xy_4, Xy_5 は加算器群②に入力されキャリーなしの部分和②-s とキャリー②-c を出力します．残りの Xy_6, Xy_7 は Level 2 に回されます．Level 2 では①-s, ①-c, ②-s は加算器群③に入力され，キャリーなし部分和③-s とキャリー③-c を出力します．加算器群③は 7 個の全加算器と 1 個の半加算器で構成されます．Xy_6, Xy_7 と②-c は加算器群④に入力され，キャリーなし部分和④-s とキャリー④-c を出力します．Level 3 では③-s, ③-c, ④-s が加算器群⑤に入力され，キャリーなし部分和⑤-s とキャリー⑤-c を

5.3 整数演算器

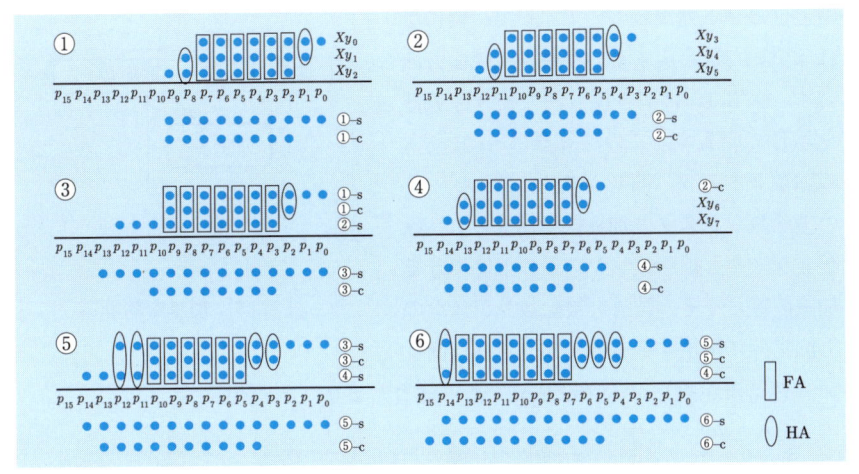

図5.13 各グループでの入出力

出力します．Level 4 では ④-c，⑤-c，⑤-s が加算器群 ⑥ に入力され，キャリーなし部分 ⑥-s とキャリー ⑥-c を出力し，⑦ の桁上げ先見加算器で最終的な加算が行われます．一般に m 桁の乗算をワレス木で行う場合，Level i での桁数を $K(i)$ とすると，

$$K(i+1) = \lfloor (2/3) \times K(i) \rfloor, \qquad K(1) = m$$

となり，$K(L) = 2$ となったところ，すなわち Level L で終了します．また，その計算手順は $\log_2 m$ に比例することが知られており，桁数の多い乗算に適しています．

除算器　2進数の除算も乗算同様，九九の計算に相当するところはありません．図5.14 に示すように，除数と被除数の上位ビット列から右方向に順番に比べ，被除数の上位ビット列の方が大きければ，そのビット列から除数を引いて，引き続き右方向に比較していくわけです．

除算の手法には**引き戻し法**という古典的な方法があります．これは除数を被除数

```
           1001
     ─────────────
1011 ) 1101001
       1011
       ─────
        10001
        1011
        ─────
          110
```

図5.14　2進数による除算

の上位ビット列から引いていって，負になれば引いた数を戻すという最も単純な方法です．図 5.15 は引き戻し法で使う除算器を示しています．この除算器は m ビットの除数レジスタ，商レジスタ，$2m$ ビットの被除数レジスタと加算器で構成され，除数レジスタと被除数レジスタの上位半分を加減演算してその結果を被除数レジスタの上位半分に格納するものです．さらに商レジスタと被除数レジスタは左シフト可能とします．

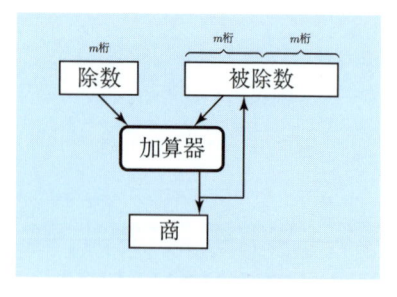

図 5.15　簡単な除算器

Step-0.　除数の最上位ビット位置と被除数の上位 m 桁での最上位ビット位置が同じになるように被除数レジスタ全体を左シフトする
Step-1.　被除数レジスタの上位 m 桁から除数を引き被除数レジスタ上位 m 桁に書き込む
Step-2.　結果が正なら商レジスタを左シフトしてから最下位ビットを 1 にする
Step-3.　結果が負なら被除数レジスタの上位 m 桁に除数を足して被除数レジスタ上位 m 桁に書き込み商レジスタを左シフトしてから最下位ビットを 0 にする
Step-4.　被除数レジスタを全て走査すれば終了
Step-5.　被除数レジスタ全体を左シフトして 1 に戻る

図 5.16　引き戻し法の処理手順

図 5.17 に引き戻し法の計算例（10 進数で $105 \div 11$）を示します．まず Step-0 で除数は 4 ビットなので被除数レジスタを 4 ビット分左にシフトします．この時，被除数レジスタの上位半分には 1101 が入っています．以下，図 5.17 に示すように処理を進めることで商 1001 と剰余 110 を得ます．引き戻し法は，取りあえず除数を引いて負になれば元に戻して左シフトを繰り返すので，分かりやすい方法ではありますが，効率が悪い方法といえます．実際，図 5.17 の例でも Step-1 では除算を行うのに最大 4 回[†]の減算を行うのですが，それ以外に 2 箇所の Step-3 で加算を行っています．つまり処理手順が最短の場合より 5 割増えていることになります．

引き戻し法を改良して処理手順をより短くしたのが**引き放し法**です．一般に除算は $DD = DS \times Q + R$ と表せますが，図 5.17 の例では次のようにも表せます．

[†] 商が 4 ビットであるためです．

5.3 整数演算器

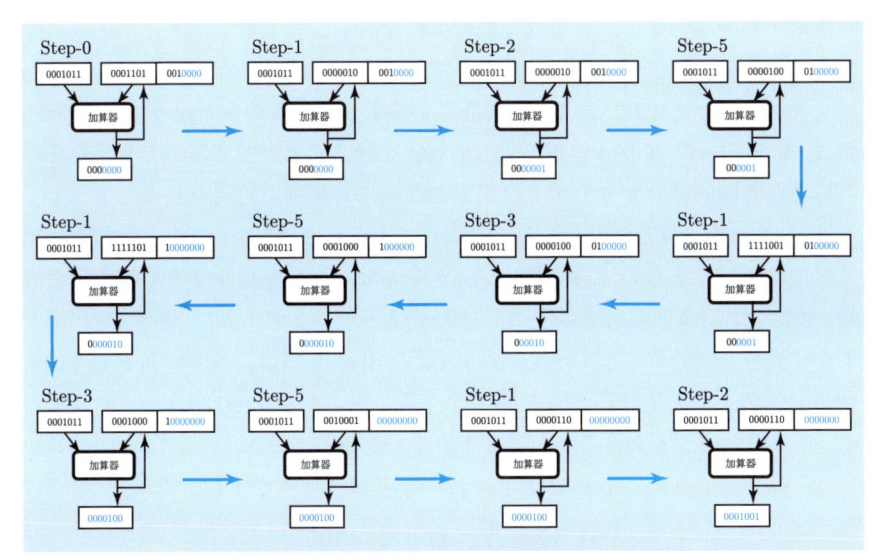

図 5.17 引き戻し法の例

$$1101001 = 1011 \times 1 \times 2^3 + 1011 \times 0 \times 2^2$$
$$+ 1011 \times 0 \times 2^1 + 1011 \times 1 \times 2^0 + 110$$

図 5.17 の 2 段目右端の Step-1 では $1011 \times 1 \times 2^3 + 1011 \times 1 \times 2^2$ となっておりこの時点で被除数より大きくなってしまうので，次の Step-3 で除数を足すことで $1011 \times 1 \times 2^3 + 1011 \times 0 \times 2^2$ となるように操作しているわけです．引き戻し法の効率の悪さは，Step-3 の加算にあるわけですから，この加算を行わずに高速に除算を行えるようにしたのが引き放し法です．図 5.18 に引き放し法

Step-0.	除数の最上位ビット位置と被除数の上位 m 桁での最上位ビット位置が同じになるように被除数レジスタ全体を左シフトする
Step-1.	被除数レジスタの上位 m 桁が正なら除数を引いて被除数レジスタ上位 m 桁に書き込み，商レジスタを左シフトしてから最下位ビットを 1 にする
Step-2.	被除数レジスタの上位 m 桁が負なら除数を足して被除数レジスタ上位 m 桁に書き込み，商レジスタを左シフトしてから最下位ビットを 0 にする
Step-3.	被除数レジスタを全て走査すれば 5 に飛ぶ
Step-4.	被除数レジスタ全体を左シフトして 1 に戻る
Step-5.	商を左に 1 ビットシフト（キャリーなし）して，剰余が正なら最下位ビットを 1 にする．剰余が負なら除数を足して商の最下位ビットを 0 にする

図 5.18 引き放し法の処理手順

の処理手順を示します．引き放し法では被除数レジスタの上位半分が正なら除数を無条件に引き，負なら足し込みます．引き戻し法のように引いた後に足し戻すことはありません．一見これで正しい除算ができるのかと思うでしょうが，図 5.18 の Step-5 で行う処理で正しい答えを得ることができるのです．Step-5 の処理を直観的に分かりやすく説明するために具体例で説明をしましょう．

図 5.19 に引き放し法の計算例（10 進数で 105÷11）を示します．まず Step-0 で除数は 4 ビットなので被除数レジスタを 4 ビット分左にシフトします．この時，被除数レジスタの上位半分には 1101 が入っています．以下，図 5.18 に示すように処理を進めることで Step-5 の直前の Step-2 では，商レジスタに 1100，剰余レジスタ上位半分に 110 を得ます．商レジスタの 1100 のうち，1 は正の商，0 は負の商と考えることができます．すなわち，

$$11 \times (1 \times 2^3 + 1 \times 2^2 - 1 \times 2^1 - 1 \times 2^0) + 6$$
$$= 88 + 44 - 22 - 11 + 6 = 105$$

となります．今，正の商を $Q_p = 1100$，負の商を $Q_m = 0011$ とすると，Q_p と Q_m は否定の関係になるので，

$$Q_p - Q_m = Q_p + (Q_m の 2 の補数) = Q_p + (Q_p + 1) = 2 \times Q_p + 1$$

となります．つまり Q_p を左に 1 ビットシフト（桁あふれは無視）して最下位ビットを 1 にすればいいわけです．これが Step-5 の剰余が正の場合の処理の意

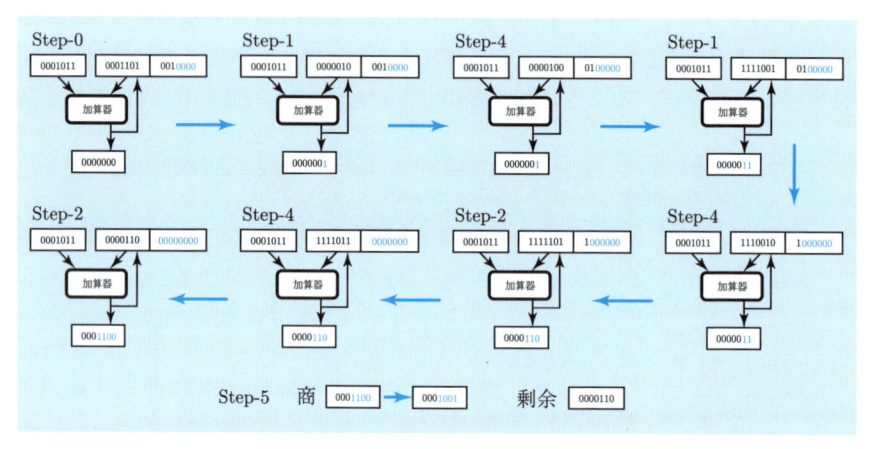

図 5.19　引き放し法の例その 1

5.3 整数演算器

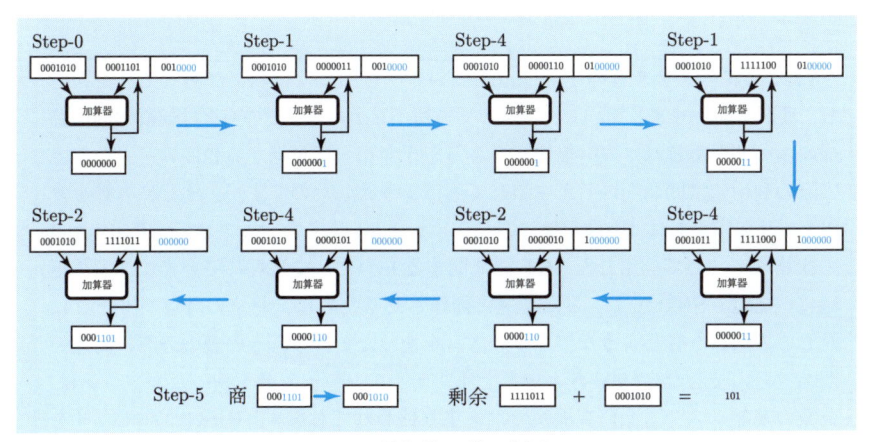

図 5.20　引き放し法の例その 2

味するところなのです．次に Step-5 の剰余が負である場合の処理を説明するために，別の具体例を説明します．

図 5.20 では引き放し法を使って $105 \div 10$ の計算を行う例を示しています．最後の Step-2 で除数を足したところで被除数レジスタの走査が全て終わっているので Step-5 に移るのですが，この時点で剰余が負になっています．すなわち，

$$10 \times (1 \times 2^3 + 1 \times 2^2 - 1 \times 2^1 + 1 \times 2^0) - 5$$

となります．正の商から負の商を引いたものは正の商を左シフト（桁あふれ無視）して最下位ビットを 1 にしたものになりますので，上記は次のように変形できます．

$$10 \times (1 \times 2^3 + 0 \times 2^2 + 1 \times 2^1 + 1 \times 2^0) - 5$$
$$= 10 \times (1 \times 2^3 + 0 \times 2^2 + 1 \times 2^1 + 0 \times 2^0) + 5$$

これが Step-5 での「剰余が負なら除数を足して商の最下位ビットを 0 にする」に相当します．このようにして商 1010 剰余 101 を得ます．

除算の手法には他にもさまざまなものが知られています．代表的なものに複数ビットの商を一度に求めることのできる SRT 法があり，現在も広く使われていますが，本書では触れないことにします．

コラム

　1994年にインテル社のPentium4というプロセッサにバグがあることが判明し，世間を騒がせました．これに対して当初インテルは「このバグは統計学的に普通のユーザが毎日パソコンを使って2万7千年に一度遭遇する程度のバグなので実際の利用には問題ない」と主張して逃げようとしたのですが，すぐに方針を変更して「要求があれば無償交換に応じる」と発表しました．このバグはPentium4の除算器に初めて採用したSRT法に関するものとして知られています．より正確にいえば，SRT法をさらに高速に動作させるために，特定の計算パターンに対して表引きを行うようなアルゴリズムを使ったところ，その表の一部に間違いがあったのでした．1994年というとインテルのプロセッサを使ったパソコンは，企業の基盤システムや研究機関ではあまり使われておらず，RISCプロセッサを使ったワークステーションが広く使われていました．おそらく当時のインテル上層部でマーケットを基盤システムや数値計算分野に拡大するにはカスタマーの信頼を得るのが第一と判断したのでしょう．この対応に約500億円かかったそうですが，インテルの株価は逆に上がったそうです．

5.4 浮動小数点演算器

　前節では整数演算器の説明をしましたが，演算器には浮動小数点演算器もあります．現在ではCPUの中に各種浮動小数点演算器がありますが，浮動小数点演算は整数演算に比べて処理手順が複雑なため，1990年頃まではCPUとは別の **FPU**（Floating Point number processing Unit，浮動小数点演算装置）が高速化のために使われていました．当時FPUのないコンピュータでは浮動小数点演算はソフトウェアで実行していたため，数値計算が非常に遅かったのですが，その後FPUはプロセッサ内に組み込まれるようになり，現在は浮動小数点演算器としてCPUを構成するモジュールの1つとなっています．本節では浮動小数点演算の一般的な方法とその高速演算器の概略を説明します．

浮動小数点加算　　浮動小数点数は第1章の1.3節で説明したように，$m \times 2^e$ で表され，m を仮数部，e を指数部と呼びます．$m_1 \times 2^{e_1}$ と $m_2 \times 2^{e_2}$ の加算は次のような手順で行われます．ただし $e_1 > e_2$ とします．

　　　Stage-1. 指数部桁合わせ：　　$e_1 - e_2$

5.4 浮動小数点演算器

Stage-2. 仮数部の右シフト： m_2 を右に $e_1 - e_2$ 桁算術シフト
Stage-3. 仮数部の加算： m_1 とシフトした m_2 の加算
Stage-4. 正規化： 仮数部最上位ビットが 1 になるようにする

この処理手順を例を使って説明します．$0.0125 + 10.01$ は 2 進数で表すと

$$0.000000110011 + 1010.0000001$$

となり，これを浮動小数点表記すると

$$1.10011 \times 2^{11111001} + 1.0100000001 \times 2^{11}$$

となります．この計算を行うのに Stage-1 では

$$11 - 11111001 = 11 + 111 = 1010$$

Stage-2 では

$$1.10011 \times 2^{11111001} = 0.000000000110011 \times 2^{11}$$

Stage-3 では

$$1.0100000001 + 0.000000000110011 = 1.010000001010011$$

Stage-4 では

$$1.010000001010011 \times 2^{11} \quad (\text{正規化の必要なし})$$

となります．

図 5.21 は浮動小数点加算の演算器を示していますが，ここでは上記手順の Stage-1～4 を独立して処理できるように構成しています．つまり，Stage-1 の指数部桁合わせを実行するのと同時に Stage-2 の仮数部右シフト，Stage-3 の仮数部加算，Stage-4 の正規化の一部もしくは全てを同時に実行できるということです．この加算器に連続する加算列 $\{A_1, A_2, A_3, \ldots\}$ が与えられたとします．この時の加算実行は図 5.22 のように行われます．ただし，各 Stage の処理時間は簡単のために全て 1_{MC} とします．まず，最初の加算 A_1 が加算器に与えられますが，Stage-1 で指数部桁合わせを 1_{MC} の処理時間で行います．次の 1_{MC} では A_1 の加算部右シフトを Stage-2 で，A_2 の指数部桁合わせを Stage-1 で行います．この時，Stage-1 と Stage-2 は同時に別の加算の一部を実行していることに注意してください．さらに次の 1_{MC} では Stage-3 で A_1 の仮数部加算，Stage-2 で A_2 の仮

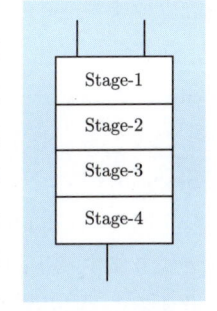

図 5.21　浮動小数点加算器の例

数部右シフト，Stage-1 で A_3 の指数部桁合わせを同時に実行し，次の 1_{MC} では Stage-1 から Stage-4 全てで A_1 から A_4 の加算の一部を同時に実行します．以下，データが与えられる限り，全 Stage で同時実行が行われるため，4_{MC} 実行時間が必要な浮動小数点加算が見かけ上，1_{MC} で

指数部桁合わせ	A_1	A_2	A_3	A_4	A_5
仮数部右シフト		A_1	A_2	A_3	A_4
仮数部加算			A_1	A_2	A_3
正規化				A_1	A_2

図 5.22 浮動小数加算パイプラインの例

実行できます．このように演算を部分演算に実行してデータをバケツリレーのように渡して全ての Stage が有効に実行できるようにした高速化手法を**演算パイプライン**と呼びます．

浮動小数点乗算　　$m_1 \times 2^{e_1}$ と $m_2 \times 2^{e_2}$ の乗算は次のような手順で行われます．

Stage-1. 指数部の加算：　$e_1 + e_2$
Stage-2. 仮数部の乗算：　$m_1 \times m_2$
Stage-3. 正規化：　仮数部最上位ビットが 1 になるようにする

この処理手順を例を使って説明します．0.275×3.25 は 2 進数で表すと

$$0.0100011001 \times 11.01$$

となり，これを浮動小数点表記すると

$$1.000110011 \times 2^{11111110} \times 1.101 \times 2^1$$

となります．この計算を行うのに Stage-1 では

$$11111110 + 1 = 11111111$$

Stage-2 では

$$1.000110011 \times 1.101 = 1.110010010111$$

Stage-3 では

$$1.110010010111 \times 2^{11111111} \quad (\text{正規化の必要なし})$$

となります．Stage-2 の仮数部乗算では，整数乗算を行い，次の Stage で正規化することに注意してください．

　浮動小数点演算器も先に示した浮動小数点加算器のようにパイプラインを使うことで高速化が期待されますが，Stage-1, Stage-3 と Stage-2 の演算量が全く異なることに注意してください．Stage-1 の加算や Stage-3 のシフト演算で

5.4 浮動小数点演算器

はさほど大きな回路を使うことなく実現できそうですが，Stage-2 の乗算は整数乗算器を使う必要があり，現在はともかく集積度の小さかった頃では，他の Stage とは同じような時間で処理できそうにありません．例えば単精度浮動小数点乗算の Stage-2 の整数乗算器としてワレス木を使う場合，仮数部 23 ビット[†]の仮数部乗算を行うためには，そのレベル数は 5.4 節で示した式に仮数部 23 ビットという条件を入れて

$$K(1) = 23, \quad K(i+1) = \lfloor (2/3) \times K(i) \rfloor, \quad K(L) = 2$$

を満たす $L = 8$ となります．さらにワレス木では各レベルの部分和の後に桁上げ先見加算器で最終的な加算を行う必要があります．

指数部加算	S_1	S_2	S_3	S_4	S_5	S_6	S_7	S_8	S_9	S_{10}	S_{11}	S_{12}
仮数部乗算：WT Level 1		S_1	S_2	S_3	S_4	S_5	S_6	S_7	S_8	S_9	S_{10}	S_{11}
仮数部乗算：WT Level 2			S_1	S_2	S_3	S_4	S_5	S_6	S_7	S_8	S_9	S_{10}
仮数部乗算：WT Level 3				S_1	S_2	S_3	S_4	S_5	S_6	S_7	S_8	S_9
仮数部乗算：WT Level 4					S_1	S_2	S_3	S_4	S_5	S_6	S_7	S_8
仮数部乗算：WT Level 5						S_1	S_2	S_3	S_4	S_5	S_6	S_7
仮数部乗算：WT Level 6							S_1	S_2	S_3	S_4	S_5	S_6
仮数部乗算：WT Level 7								S_1	S_2	S_3	S_4	S_5
仮数部乗算：WT Level 8									S_1	S_2	S_3	S_4
仮数部乗算：桁上げ先見加算										S_1	S_2	S_3
正規化											S_1	S_2

図 5.23　単精度浮動小数点乗算パイプラインの例

図 5.23 は単精度浮動小数乗算パイプラインの例[††]を示しています．Stage 数はワレス木（WT）による仮数部乗算を 8 レベルの加算器と桁上げ先見加算器を全て独立した Stage とすれば，全部で 11 Stage のパイプラインとなります．

浮動小数点除算　　$m_1 \times 2^{e_1}$ と $m_2 \times 2^{e_2}$ の除算は次のような手順で行われます．

Stage-1. $m_1/m_2 < 1$ になるように桁合わせ

Stage-2. 仮数部の除算：　m_1/m_2

[†] 第 1 章の 1.3 節で説明したように単精度浮動小数は，符号部 1 ビット，指数部 8 ビット，仮数部 23 ビットで構成されます．

[††] 集積度の制約で 1 Stage に詰め込むことのできない場合の例です．

第 5 章　CPU

Stage-3. 指数部の減算：　　$e_1 - e_2$

Stage-4. 正規化：　仮数部最上位ビットが 1 になるようにする

この処理手順を例を使って説明します．$12.754 \div 5.318$ は 2 進数で表すと

$$1100.11000001 \div 101.0101000101$$

となり，これを浮動小数点表記すると

$$1.1001100000100 \times 2^{11} \div 1.010101000101 \times 2^{10}$$

となります．この計算を行うのに Stage-1 では

$$0.11001100000100 \times 2^{100} \div 1.010101000101 \times 2^{10}$$

Stage-2 では，

$$0.110011000001 \div 1.010101000101 = 0.100110011000000110000111$$

Stage-3 では，

$$100 - 10 = 10$$

Stage-4 では，

$$0.100110011000000110000111 \times 2^{10} = 1.00110011000000110000111 \times 2^1$$

となります．Stage-2 の仮数部除算では，整数除算と同様に計算を行い，Stage-4 で正規化することに注意してください．

　浮動小数点除算器も浮動小数点乗算器のようにパイプラインを使うことで高速化が期待されますが，図 5.15 の簡単な除算器では制御の流れにループがあり，図 5.23 のようなパイプラインに使うことができません．図 5.15 の除算器をパイプライン化したのが図 5.24 になります．図 5.15 で繰り返し処理をしていた部分を繰り返し個数だけ同じ回路を用意して，独立して処理できるようにします．単精度浮動小数点数の仮数部は 23 ビットであるため，最大 23 個の回路を用意すれば浮動小数点除算器のパイプライン化が可能となります．ただ，

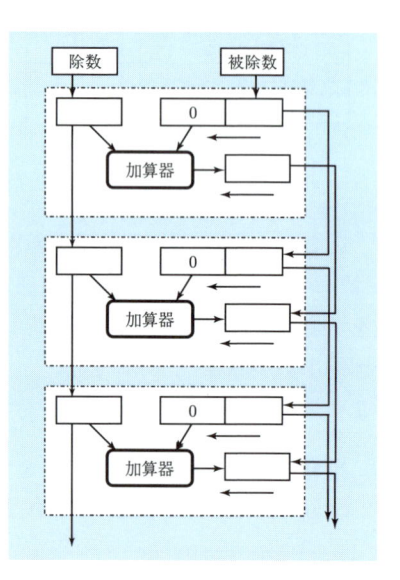

図 5.24　除算器のパイプライン化

このパイプライン化された除算器の各サブモジュールで使われる加算器も桁上げ先見方式などのある程度大きな回路を使う必要があるため，パイプラインの段数を減らして各サブモジュールで部分的な繰り返し処理を行ったり，パイプライン化ではなくSRT法のように一度に複数ビットの商を求める手法を使うなどで高速化をはかることもあります．

5.5 命令パイプライン

第2章の2.6節でコンピュータの基本的な動作について説明しましたが，ここでちょっと説明を変えて復習してみましょう．図5.25は図5.4のCPUの構成をちょっと変えたものです．演算装置の代わりに**実行ユニット**があり，汎用レジスタを**レジスタファイル**と表記しています．レジスタファイルとは，多くのレジスタ群が効率良く管理されるもので，単に汎用レジスタの集合と考えてもらって結構です．**ライトバックユニット**は実行ユニットでの演算結果をレジスタファイルに書き戻すためにあります．命令の実行手順は5.2節で説明したものと同じですが，ここでは命令実行の高速化について考えてみます．

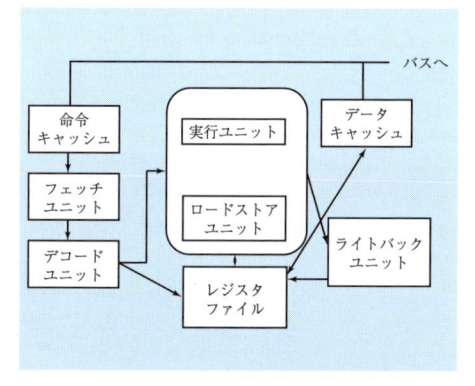

図5.25 CPUの構成その2

このCPUはロードストア方式ですので，演算命令のオペランドはレジスタ指定のみであり，メモリ参照はロードストア命令のみとなります．従ってCPUの動き方は次のようになります．

Stage-1. フェッチユニットで命令を取ってくる
Stage-2. デコードユニットで命令を解読する
Stage-3. 実行ユニットで演算を実行する／ロードストアユニットでメモリ参照を行う
Stage-4. ライトバックユニットで演算結果をレジスタファイルに書き込む

各Stageは独立して動作可能なので，演算器の高速化で使用したパイプラインを使うことができます．図5.26は命令列 $\{I_1, I_2, I_3, \ldots\}$ を4Stageからなるパイプラインで高速化した例を示します．各Stageの処理時間が全て同じ 1_{MC} ならば，4Stage

フェッチ	I_1	I_2	I_3	I_4	I_5
デコード		I_1	I_2	I_3	I_4
実行			I_1	I_2	I_3
ライトバック				I_1	I_2

図 5.26　命令パイプライン

逐次実行するのに 4_{MC} かかりますが，パイプライン化することで実行速度は見かけ上4倍の 1_{MC} になります．このように命令実行にパイプラインを利用することを**命令パイプライン**と呼びます．

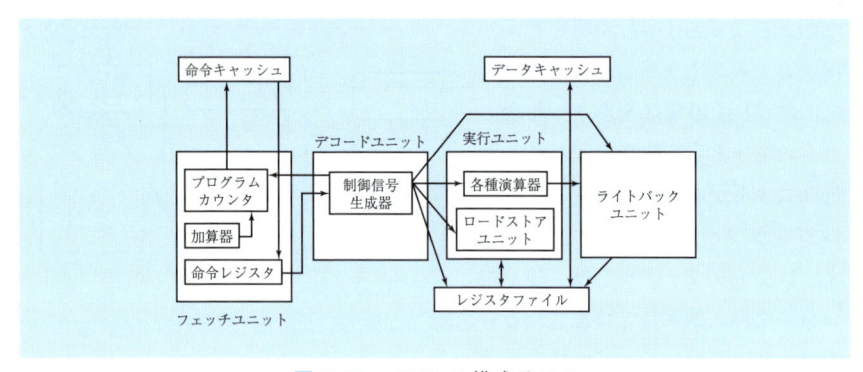

図 5.27　CPU の構成その3

図5.27は命令パイプラインを行うCPUの構造を簡単に表しています．フェッチユニットはプログラムカウンタとアドレス加算器，命令レジスタで構成されており，プログラムカウンタに格納されているアドレスを命令キャッシュに送り，当該アドレスのエントリが命令キャッシュにある場合はそのまま，ない場合はメモリから命令キャッシュ経由で命令を受け取ります．受け取った命令は命令レジスタに格納すると同時に，当該命令の長さ分だけプログラムカウンタの値をアドレス加算器で増やします．ただし，受け取った命令が分岐命令である場合には，デコードユニットから分岐先アドレスを受け取り，プログラムカウンタをそのアドレスにセットします．

デコードユニットでは，命令レジスタの内容に応じて制御信号を生成します．例えば ADD R_2 R_0 R_1 という命令が命令レジスタに入っていれば，デコードユ

5.5 命令パイプライン

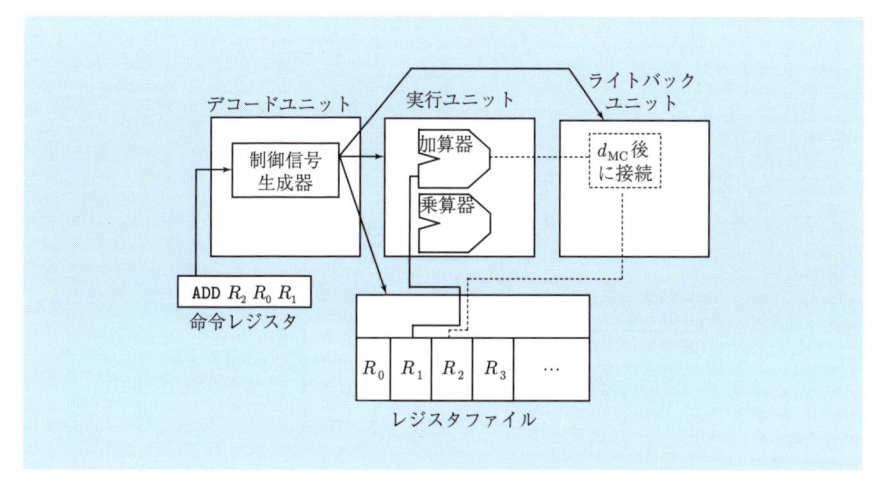

図 5.28 制御信号生成例（加算）

ニットでは実行ユニット中の加算器の入力とレジスタファイル中のレジスタ R_0, R_1 の回路を開き，ライトバックユニットに加算結果を R_2 に書き戻すように制御信号を発行します．そして次の Stage である実行ユニットが実行されるわけですが，ここで注意して欲しいことは，演算パイプライン化されている加算器であっても，デコードユニット実行に要した 1_{MC} の直後の 1_{MC} だけではこの加算は終わらないということです．加算に要する時間を d_{MC} とすると，ADD R_2 R_0 R_1 を実行するのに必要な時間は，フェッチユニットで 1_{MC}，デコードユニットで 1_{MC}，実行ユニットで d_{MC}，ライトバックユニットで 1_{MC} の $3+d_{\mathrm{MC}}$ になってしまいます．実行ユニットでの加算結果を d_{MC} も待たずに次の命令に進むために，デコードユニットで生成された制御信号「ライトバックユニットに加算結果を R_2 に書き戻す」に d_{MC} 後にという条件を付け足せば，加算命令は見かけ上 4_{MC} で実行できることになります．図 5.28 に一連の制御の流れを示しておきます．最終 Stage であるライトバックユニットは，ADD R_2 R_0 R_1 の 4_{MC} 時には，それ以前に予約されていた演算器の出力をレジスタに格納するのに使われます．もしそのような要求がなかった場合には，素直に 1 回休みます．

　演算器を使わない命令，すなわちロードストア命令の場合は次のように処理が行われます．まずロード命令 LOAD R_0 $M(R_1)$ の場合，デコードユニットでは実行ユニット中のメモリアドレスレジスタと R_1 の回路を開き，ライトバック

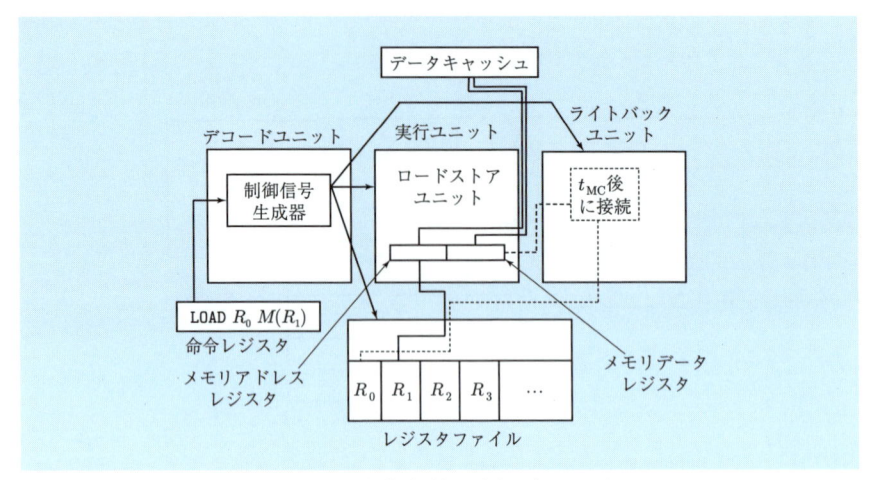

図 5.29　制御信号生成例（ロード）

ユニットにメモリデータレジスタの内容を t_{MC} 後に R_0 に書き戻すように制御信号を発行します．この時，メモリアドレスレジスタに格納されたアドレスは即座にデータキャッシュに送られ，当該アドレスのエントリがデータキャッシュにある場合はそのまま，ない場合はメモリからデータキャッシュ経由で当該アドレスのデータがメモリデータレジスタに格納されます．ただし，この時の遅延時間を t_{MC} とします．ライトバックユニットでは，メモリデータレジスタにデータが格納されれば，その値を R_0 に書き戻します．図 5.29 は一連の動きを図示しています．

次にストア命令 STORE $M(R_0)$ R_1 の場合，デコードユニットでは実行ユニット中のメモリアドレスレジスタと R_0 の回路を開き，ライトバックユニットに R_1 からメモリデータレジスタに至る回路を開くように制御信号を発行します．この時，メモリアドレスレジスタに格納されたアドレスは即座にデータキャッシュに送られ，メモリデータレジスタに値が格納されしだい，先にデータキャッシュに送られたアドレスにその値が書き込まれます．図 5.30 は一連の動きを図示しています．

以上で命令パイプラインの大まかなしくみは理解してもらえたと思いますが，デコードユニットでの「制御信号の発行」というのが少々難しいかもしれません．原理的には命令レジスタに格納されている命令のオペコードを読み出し，命

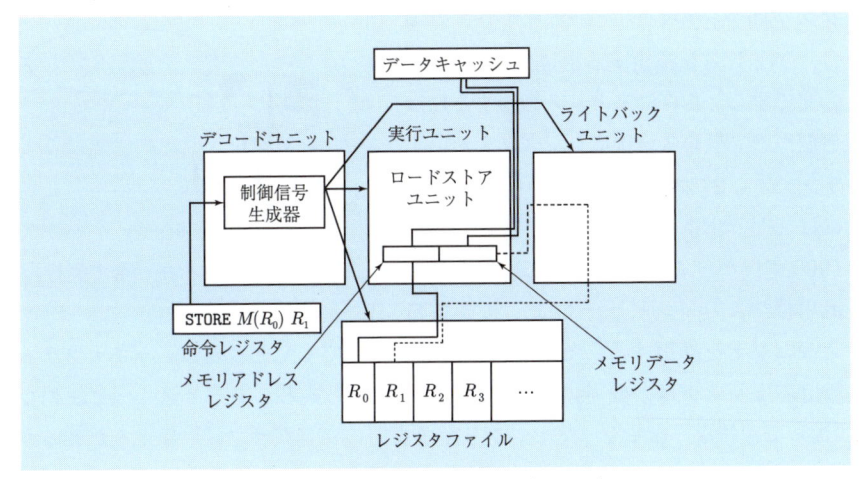

図 5.30　制御信号生成例（ストア）

令の種類に応じてオペランドを取ってきて，必要に応じてレジスタファイルと各種演算器，メモリアドレスレジスタやメモリデータレジスタとの回路を開いてやったり，ライトバックユニットに書き込み依頼を送ったりする信号を選別するわけですが，厄介なことにデコードユニットは命令パイプラインのStageの1つであるため，1_{MC}でこれらの処理を行わなければならないのです．そのため入力として命令レジスタの値を与えてやると，その時の状態に応じて制御信号を一意にすばやく決定して出力してくれる回路が必要になります．そのような回路は順序回路で作るのですが，特に**ステートマシン**と呼ばれています．

ここまでロードストア方式を前提とした命令パイプラインについて説明してきましたが，これ以外のアドレス命令形式でも命令パイプラインは利用できます．詳しくは次節を読んでください．

5.6　マイクロプログラム方式

前節で説明した命令パイプラインはロードストア方式を前提にしていましたが，実はそれ以外にも命令長は固定であるということもこっそり前提にしていました．ところが第4章で説明したロードストア方式以外のアドレス命令形式では，固定長の命令というのは甚だ困難になるのです．例えば32ビットのアド

レス空間を持つレジスタメモリ方式の場合，アドレスを指定するだけで 32 ビット必要ですし，さらにアドレス修飾するには何個かのアドレス修飾用レジスタを使います．一方，2^n 個のレジスタを指定するのには n ビットあれば十分[†]なのです．実際，1960 年代から 70 年代にかけて開発された汎用機やミニコンピュータは，可変長の命令セットを採用することが非常に多かったのです．その頃のアーキテクチャ設計のトレンドは，如何に多様なアドレス指定方式と，あっと驚くほど便利な（従って複雑な）命令を（アセンブリ言語専門のプログラマに）与えるかというものでした．

図 5.31　$\sin x$ を 1 命令で実行

例えば DEC 社の VAX 11 のアドレス指定方式には，オートインクリメンタルデファードインデックスモードというのがありまして，これを使うとループ中での配列のストライドアクセス[††]が 1 命令で行われ，同時にインデックスのレジスタも自動的に増やしてくれました．また，同じく VAX 11[†††] の命令には POLY[††††]というのがありまして，これを呼ぶと次の計算を CPU の命令として実行してくれました．

$$R_0 = R_1 + R_2 \times R_0 + R_3 \times R_0^2 + R_4 \times R_0^3 + R_5 \times R_0^4 + R_6 \times R_0^5$$

そうです．テイラー展開です．この他にも CRC 計算を行ったりとか，あっと驚く命令が多くありました．

さらに，各命令に対するアドレス指定方式の直交性というトレンドもありました．例えば，図 5.32 で示すように，ADD 命令に対しオペランド数が 2 である場合と 3 である場合，それぞれにおいてオペランドがレジスタである場合，アドレスである場合を網羅すると 12 通りとなります．つまり ADD という 1 つの命令に対し，12 種類のアドレス指定方式を対応させ，12 個の命令を用意すると

[†] 例えば 32 個のレジスタを持つ場合，レジスタの指定には 5 ビット必要になります．

[††] 配列要素を一定間隔でアクセスすることです．一定間隔＝1 の時，シーケンシャルアクセスといいます．

[†††] VAX ばかり例に出すのは著者が当時 VAX のカスタマーサポート SE だったからです．

[††††] Polynomial の略．実際にはレジスタ指定ではなくアドレス指定です．

5.6 マイクロプログラム方式

いうことになります．さらにこれらのオペランドでのインデックス，間接，ディスプレースメントなどのアドレス修飾も直交軸の中に入れると，ADD命令が何十個にも膨れ上がります．勿論，意味のない組み合わせもあるので，多くの場合1つの基本演算命令に対して，アドレス指定方式や対象とするデータ型に応じて十数個の命令を用意するというのが当時の命令セット設計のトレンドでした．当然のことながら，これらは同じ種類の命令でもアドレス指定方式の違いにより命令長も異なる可変長命令が前提でした．

```
ADD R₀ R₁
ADD R₀ R₁ R₂
ADD adr₀ adr₁
ADD adr₀ adr₁ adr₂
ADD R₀ adr₁
ADD adr₀ R₁
ADD R₀ adr₁ adr₂
ADD adr₀ R₁ adr₂
ADD adr₀ adr₁ R₂
ADD R₀ R₁ adr₂
ADD R₀ adr₁ R₂
ADD adr₀ R₁ R₂
```

図 5.32 アドレス指定方式の直交性

このようにコンピュータ開発の初期段階において豊富なアドレス指定方式と多様な命令（複雑な処理をする命令）が用意されたのにはいくつか理由があります．まず，メモリが高価[†]であったことがあげられます．そのため，データは勿論，プログラムの実行イメージもできるだけ小さくする必要がありました．そこでプログラムサイズを必要最小限にできる可変長命令が好まれました．次にCPUがメモリ参照時間との相対比較で現在に比べて極めて遅かったことがあげられます．

これら多くのアドレス指定方式と複雑な命令は，**マイクロプログラム方式**と呼ばれる方法で実現されていました．マイクロプログラム方式では，さまざまなアドレス指定方式を含む複雑な命令をメモリから取ってくると，それがそのままCPUに渡されるのではなく，コントロールストアと呼ばれる特殊な記憶装置に取り込まれます．コントロールストアに取り込まれた複雑な命令（以後マクロ命令と呼びます）は，コン

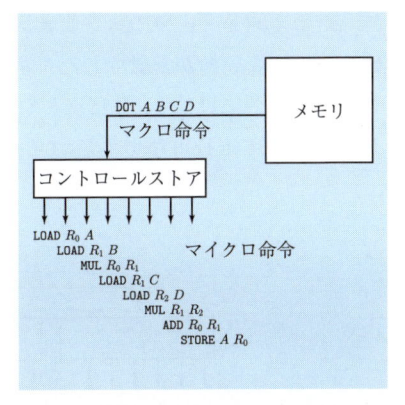

図 5.33 マイクロプログラム方式の例

[†]2013年現在，メモリの価格は4GBのメモリモジュールで数千円ですが，30年ほど昔には1MBのメモリボードで数百万円でした．

トロールストア内で定義されている簡単な命令群（以後マイクロ命令と呼びます）に置き換えられ，それが実際の CPU に渡されます．図 5.33 では内積 ($A \times B + C \times D$) を表すマクロ命令 DOT が，8 個のマイクロ命令に置き換えられている例を示しています．この時，与えられたマクロ命令をどのような種類のマイクロ命令で置き換えるかは，それを実際に実行する CPU の命令セットに合わせてコントロールストアで決めることができます．つまり，与えられたマクロ命令セットに対して，コントロールストアで対応付けさえできれば，どのような（大抵の場合低スペックの）CPU でも当該マクロ命令セットが使えることになります．

　1960 年台から 20 年ほどは，マクロ命令による命令セットに対して，その命令セットを直接実行するのではなく，処理時間がより長くなっても，限られたマイクロ命令セットで同じ処理内容を実行できるマイクロプログラム方式が主流でした．当時のコンピュータ開発では，現在と違って非常に多くの種類の CPU が開発されていたのですが，共通のマクロ命令セットを使うことで，異なる命令セットの CPU を同じマクロ命令で使えるということの利点は，1964 年にこれを全面的に採用した IBM 社の System/360 シリーズの大成功が見事に証明しています．当時，たとえ同じメーカのコンピュータであっても，異なる性能のコンピュータには互換性がないのが常識でした．図 5.34 では 32 ビット CPU を対象としたマクロ命令セットに対して，8 ビットや 16 ビット CPU でも，当該マイクロ命令セットに変換して実行可能であるマイクロプログラム方式の利点を示しています．

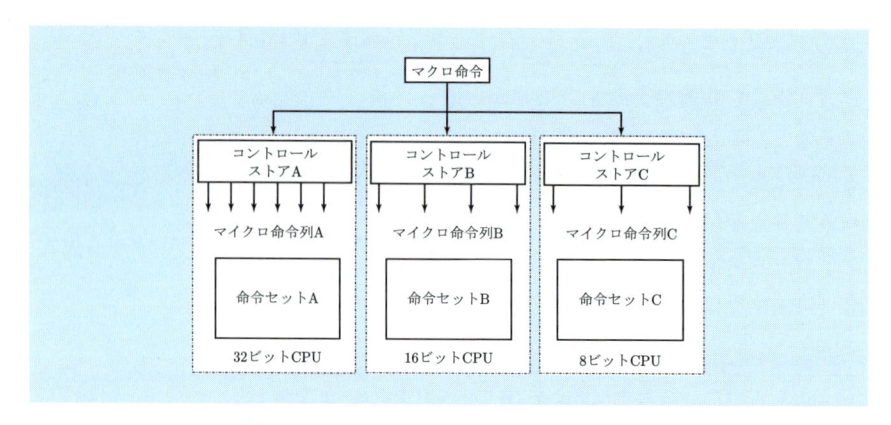

図 5.34　マイクロプログラム方式の利点

5.7 縮小命令

　マイクロプログラム方式が主流となった背景には，当時のプログラム開発はアセンブリ言語を使っていたため，一度に多くの処理を行ってくれる複雑な命令や，多様なアドレス指定方式が重宝されていたことがあげられます．しかしながら，当時はアセンブリ言語からコンパイラを利用した高級言語に推移していった時期でもあり，1970 年代後半のある調査ではマクロ命令セットの提供する複雑な命令セットと豊富なアドレス指定方式は，当時のコンパイラはあまり有効利用していないことが判明しました．さらにその頃 CPU の速度はメモリ参照時間との相対比で徐々に速くなっていくトレンドがありました．CPU の高速化で最も分かりやすい方法は高密度化（図 5.2 のような複数のボードから単一のボードに，さらに図 5.3 のようなチップ化）なのですが，CPU をチップ化するために複雑な命令や多様なアドレス指定方式を除外する縮小命令セット（Reduced Instruction Set）のトレンドが生まれたわけです．また速度差が大きくなっていくメモリ参照問題については，レジスタの数を増やしたり，キャッシュメモリを使うことで対応できると考えられ，縮小命令セットで無駄な回路を省いた分，多くのレジスタを用意したりチップ内にキャッシュメモリを置いたりしました．縮小命令セットを採用した CPU では，それまで主流だったマイクロプログラム方式を使わず，命令はそのまま CPU で実行されます．この縮小命令セットの CPU を使ったコンピュータのことを **RISC**（Reduced Instruction Set Computer）と呼び，それまでのマイクロプログラム方式のコンピュータのことを **CISC**（Complex Instruction Set Computer）と呼びます．
　RISC には簡単な命令を使って命令パイプラインを効率良く行うという目標があったのですが，この目標を達成するために RISC の CPU には次のような特徴があります．

1) 固定命令長

　　　命令パイプラインを効率良く動かすためには，全ての命令の語長が等しい必要があります．このために RISC では簡単な命令と必要最低限のアドレス指定方式しか用意されていません．その一方で，固定命令長ではプログラムサイズが大きくなるという欠点もあります．現在はともかく，RISC が検討されていた時代ではメモリが高価であったため，この

問題はかなり深刻でした．

2) ロードストア方式

メモリ参照はロードストア命令に限定することで，メモリ参照の効率化をはかりました．これにより演算命令のオペランドはレジスタに限られ，より効果的に命令パイプラインが動作するようになりました．

3) ワイヤードロジックによる実装

各命令は直接回路で実行され，マイクロプログラム方式は排除されました．また，各命令の実行時間は可能な限り同じになるように工夫されました．

4) 多数のレジスタを提供

CPU のメモリに対する相対速度が増していくにつれて，できるだけメモリ参照を行わないことが高速化の条件の1つになっていきました．それまではコストの高かったレジスタを多数提供することで，無駄なメモリ参照を防ぎ，命令パイプラインを効率良く動作させることができるようになりました．

5) コンパイラによる最適化

命令パイプラインを効率良く動作させるには，ハードウェアの改良だけでは不十分であり，コンパイラによる最適化が必須でした．CISC 全盛の時代には，そのようなコンパイラ技術は極めて困難と思われていて，実際 CISC の複雑な命令や豊富なアドレス指定方式を当時のコンパイラは有効利用していなかったのですが，RISC 用のコンパイラには命令パイプラインが効率的に動作するような最適化が実装されました．例えばループインデックスなど頻繁に利用する変数はレジスタに優先的に割り当てたり，命令の順番をプログラムの意味が変わらない範囲で変更して，特定の資源に対するアクセスが分散するようにしたり，無駄な命令を削除したりなど，さまざまな方法が開発されました．

5.8 RISCとCISC

このようにして開発の進んだRISC方式のコンピュータは，1980年代後半から高機能ワークステーションに広く使われるようになり，マイクロプログラミング方式のCISCをすぐに駆逐するものと予想されていました．実際，多くの汎用機は急速に高機能ワークステーションに取って代わられたのですが，1990年代後半からパソコンの性能が飛躍的に上がってきて，高機能ワークステーションに迫る勢いとなったのです．当時の（今でも）パソコンのCPUにはインテル社のものが圧倒的に多く使われており，そのCPUはCISC方式だったのです．インテル社は1971年に4004という電卓用のプロセッサを世界で初めて開発し，以後パソコン用のプロセッサの開発を続けていました．開発された一連のプロセッサは当然のようにマイクロプログラム方式で，RISCがブームとなった頃も主力製品のx86シリーズプロセッサはCISCのままでした．x86シリーズは既存のアプリケーションの互換性を重要視した結果，CPUを改良しても同じマクロ命令セットを使えるマイクロプログラム方式が使われ続けたのだと思われます．

1995年に発売されたインテル社のPentium Proというプロセッサは，それまでの同社のプロセッサ同様，マイクロプログラム方式でしたが，実際に実行を行うマイクロ命令の部分はRISCの構造をしていました．逆にRISCでは複雑な命令も性能が上がるなら取り入れるという試みがなされていき，RISCとCISCではどちらが優れているか，という問題の解答は未だ出されていないようです．

第5章の章末問題

問題1　右図（図5.4と同じもの）は命令パイプライン方式の一般的なCPUの構成図を示している．以下の説明文の（ア）〜（シ）に右図で使われている名称で答えよ．ただし，このCPUのパイプラインステージ数は4とする．

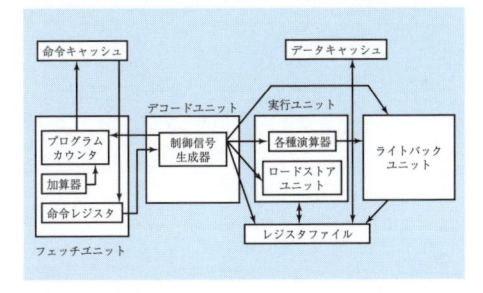

フェッチユニットは（ア）に格納されているアドレスを（イ）に送り命令を受け取ります．受け取った命令は（ウ）に格納すると同時に，当該命令の長さ分だけ（エ）の値を加算器で増やします．ただし，受け取った命令が分岐命令である場合には，（オ）から分岐先アドレスを受け取り，（カ）をそのアドレスにセットします．デコードユニットでは，制御信号を生成します．例えば加算命令が命令レジスタに入っていれば，（キ）中の加算器の入力と（ク）中のレジスタの回路を開き，（ケ）に加算結果を書き戻させるように制御信号を発行します．そして次の Stage である（コ）が実行されます．最終 Stage である（サ）は，それ以前に予約されていた（シ）の出力をレジスタに格納するのに使われます．もしそのような要求がなかった場合には，素直に 1 回休みます．

問題 2　桁上げ先見方式を使って 8 桁の 2 進整数加算 01011101 + 00111011 を計算せよ．特にキャリーがどのように上位に送られるかを記述すること．

問題 3　2 進整数除算 1011 ÷ 101 を，(1) 引き戻し法と (2) 引き放し法の 2 種類を使ってそれぞれ計算せよ．

第6章
記憶装置

　本章では記憶装置についての詳細な説明を行います．一般に記憶装置というとレジスタから外部補助記憶装置（USBメモリなど）まで入る広範囲なものですが，本章ではメインメモリとキャッシュメモリに焦点を当てて説明します．まず，記憶装置一般に対する説明ならびに半導体で構成されるメモリの説明を行った後，メインメモリを高速にアクセスする手法であるメモリインタリーブとキャッシュメモリについて説明します．キャッシュメモリはその構成方法にとどまらず，複数のキャッシュメモリを階層的に並べる手法についても言及し，ちょっと入門書の範疇を超えている部分もあります．

●本章の内容●
記憶装置の歴史
記憶装置の分類と階層性
メインメモリの構成と高速化
キャッシュメモリの利用
キャッシュメモリの構成と管理
キャッシュメモリの階層性

第6章 記憶装置

6.1 記憶装置の歴史

　第2章の2.6節で述べたように現在のコンピュータはCPUとメモリ以外にもさまざまな補助記憶装置を有しています．メインメモリ（主記憶装置）とはこれら補助記憶装置に対する用語であり，以後混乱を避けるためCPUからアドレスを指定してアクセスされる記憶装置のことをメインメモリと呼ぶことにします．一方，CPU内のレジスタも命令や計算するためのデータを格納しているため，記憶装置ということになります．また，本章後半で説明するキャッシュメモリも記憶装置です．これらはメインメモリを高速にアクセスするために考案されたもので，前者は命令セットの中で定義され，後者はメインメモリのアドレスをそのまま使って高速アクセスすることができます．

　黎明期のコンピュータでメインメモリを構成するのによく使われたものに水銀遅延線や磁気ドラムメモリが知られています．水銀遅延線では水銀の入った（線ではなく）チューブの端に超音波を発生させ，その波形を循環させることで記憶装置としました．磁気ドラムメモリは現在のHDDのように磁気を情報の記憶に使うもので，メインメモリとしても補助記憶装置としても使われたそうです．

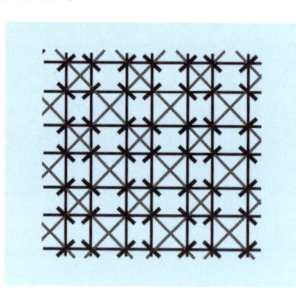

図 6.1　磁気コアメモリの構成

　商用コンピュータが登場したころのメインメモリは磁気コアメモリを使っていました．磁気コアメモリは図 6.1 で示されるように，磁性体リング（コア）に書き込み用電線2本と読み出し用電線1本で構成されており，現在の半導体によるメインメモリが出現するまで，広く使われていました．

6.2 記憶装置の分類と階層性

　記憶装置とはいうまでもなくデータを記憶する装置のことですが，その構成は記憶装置に対する要求によって変わってきます．記憶装置への要求事項には，速度，容量，コスト，不揮発性，書き換え可能性，ランダムアクセス性，可搬性などがあげられます．例えばレジスタに対する要求は「高コストで小容量で

もいいから，超高速度の揮発性・書き換え可能・可搬性なしの記憶装置」ということになります．以下，各要求事項の詳細について説明します．

速度　記憶装置の速度とは，データ要求を行ってからデータを受け取るまでの時間で定義されます．プログラムの実行に直接関わるデータ要求はメインメモリに対するものであり，一般に高速性が求められるのに対し，プログラムで利用されるデータを格納する補助記憶装置ではメインメモリほど高速性は求められません．

容量　記憶装置の容量は，同時にどれだけのデータを格納できるかで定義されます．プログラム中の制御変数など，プログラムの実行に直接かつ頻繁に利用されるデータの量は一般にさほど大きくなくメインメモリに格納されるのに対し，数値計算の入力データやマルチメディアで使われるストリームデータはプログラムの実行に1度しか使わないことが多い反面，大容量のものが想定され，補助記憶装置に格納されます．

コスト　高速度の記憶装置は製造コストが高くなります．また，大容量の記憶装置ほど1ビットあたりのコストが安くなる傾向があります．例えば次節で説明する**SRAM**は1ビット構成するのにトランジスタを4個程度使いますが，**DRAM**の場合トランジスタ1個とコンデンサ1個となります．SRAMの方が高速に動きますが，製造コストが高くなり，DRAMは低速で製造コストが

コラム

　本書を読んでいただいている方で，情報系の学生さんならばLinux環境でのプログラミング演習を経験していると思います．課題のプログラムをやっとの思いで書き上げ，コンパイルが通って実行したところ，"core dump"の出力とともにあっけなく実行を終了する．この悔しさは経験者でなければ分からないと思いますが，core dumpが何を意味しているのか，ちゃんと把握している学生さんは少ないです．core dumpとは，プログラムの中に致命的な間違い，多くの場合はOSのカーネル領域に対するアクセス要求（配列のインデックスの間違い），があるためOSが実行中のプログラムの状態全て，つまりそのプログラム実行に関するメインメモリの内容全てをHDDに書き出すことなのです．つまり，memory dumpなのですが，昔のメインメモリは磁気コア（core）メモリを使っていたため，そのなごりでcore dumpというのです．

安い反面，集積度を上げやすいので大容量化が容易になるわけです．

不揮発性　コンピュータは電気がなければただの箱なのですが，コンピュータで計算した結果のデータをコンピュータの電源をオフにしても保存できなければ困ります．電源をオフにしてもデータを保持し続ける記憶装置には不揮発性があるといいます．メインメモリやキャッシュメモリは電気がなければ即座にデータを失いますが，HDD など多くの補助記憶装置は不揮発性を有しています．

書き換え可能性　メインメモリや多くの補助記憶装置では，データの上書きは普通にできますが，特殊な用途に使われる記憶装置では，データの上書きを許さないものもあります．例えば DVD で販売されている映画やアプリケーションプログラムは上書きされると困ります．あるいはコンピュータの電源をオンした時に最初に起動する BIOS[†]は書き換え不可能なメモリからメインメモリにロードされます．BIOS が勝手に書き換えられるとコンピュータが起動しなくなってしまうからです．このように書き換え不可能なメモリのことを **ROM** (Read Only Memory) といいます．

ランダムアクセス性　第 2 章 2.2 節のチューリングマシンでヘッドを移動してテープを読む話をしましたが，データがどこにあっても即座にアクセスできるような記憶装置には**ランダムアクセス性**があるといいます．メインメモリや HDD などにはランダムアクセス性がありますが，磁気テープ（MT）にはランダムアクセス性がありません．

可搬性　現在ネットワークのブロードバンド化が進み，動画など大容量のデータでも気軽にインターネットでダウンロードできるようになってきました．しかしながら数 PB（＝数千 TB＝数百万 GB）のデータ（スパコンのバックアップデータなど）を東京のセンターから大阪のセンターに移動するには，磁気テープにバックアップを取ってそれを新幹線で運ぶのが現在のところ一番早いでしょう．このように記憶装置のメディアが移動可能なことを**可搬性**があるといいます．HDD に関してはポータブルのものもありますが，取り扱いが雑だとデータが飛んでしまうリスクがあるため，可搬性があるとはいい難いです．

[†]バイオスと読みます．コンピュータを起動する際，そのコンピュータに接続された各種デバイスを制御するためのプログラム群で，これがなければ OS は起動しません．

6.2 記憶装置の分類と階層性

表 6.1 に各種記憶装置がどの程度要求事項を満たしているかを示しています. ここにあげた以外の補助記憶装置もありますし, 6.6 節で説明するようにキャッシュメモリにも階層性があります. また, コストには 10 段階評価をつけていますが, これは大まかなものです.

表 6.1 記憶装置と要求事項

	レジスタ	キャッシュメモリ	メインメモリ	HDD	DVD-ROM	DVD-RAM	Flash Memory	MT
速度*	～数百 p 秒	～数 n 秒	～10GB /秒	～300MB /秒	～22MB /秒	～22MB /秒	～30MB /秒	～数十 MB /秒
容量	～数百 B	～数 MB	～4GB	～4TB	～5.2GB	～5.2GB	～126GB	～数 PB
コスト	10	8	5	2	3	3	4	1
不揮発性	×	×	×	○	○	○	○	○
書き換え可能性	○	○	○	○	×	○	○	○
ランダムアクセス性	○	○	○	○	○	○	○	×
可搬性	×	×	×	△	○	○	○	○

* レジスタとキャッシュは 1 ワードをアクセスする時間, それ以外はある程度の連続領域をアクセスする場合のデータ転送時間.

次にこれら多くの種類の記憶装置がなぜ必要とされるかについて説明します. 下記のプログラムを考えて見ましょう.

```
for(i=0; i<1000; i++)            /* 外側のループ */
    for(j=0; j<1000; j++)        /* 内側のループ */
        a[i][j]=b[i]*c[j];       /* ループボディ */
```

このプログラムを 1 回実行すると外側のループ部分は 1,000 回実行されます. この時, ループ変数の i は初期値設定に 1 回, 比較演算に 1,000 回, 値を 1 増やすのに 2,000 回 (それぞれの繰り返しでリードが 1 回ライトが 1 回) のアクセスがなされます. 内側のループ部分は 1000 × 1000 回実行されます. 同様にループ変数の j は初期値設定に 1,000 回, 比較演算に 1000 × 1000 回, 値を 1 増やすのに 2000 × 1000 回のアクセスがなされます. ループボディ部分も 1000 × 1000 回実行されますが, 2 次元配列 a[][] は最初の要素からメモリに格納されている順番に 1 回ずつ全ての要素がアクセスされるのに対し, 1 次元配列 b[] は最初の要素から同じ場所を 1,000 回ずつ最後の要素までアクセスされ, 1 次元配列 c[] は最初の要素から最後の要素まで 1 回ずつの連続アクセス

を繰り返し1,000回行われます．

図6.2に配列a[][]，b[]，c[]のアクセスパタンを示していますが，これらの変数や配列のアクセスのされ方を分析してみると面白い傾向が見て取れます．

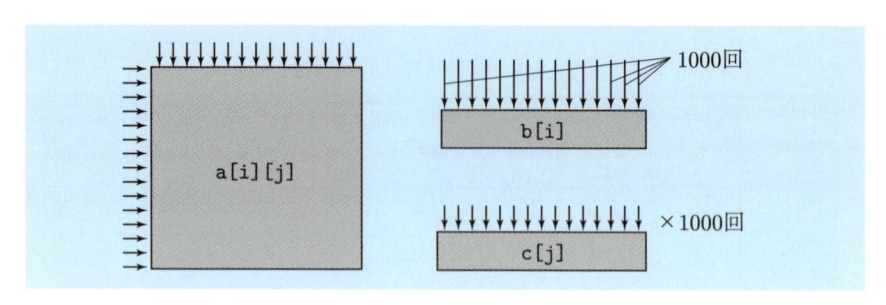

図6.2　配列のアクセスパタン

　まずループ変数はプログラムの実行中頻繁にアクセスされます．ループ変数jはループボディを実行するたびにアクセスされ，ループ変数iはループボディを1,000回実行するたびにアクセスされます．また1次元配列b[]は全ての要素において，同じ場所が1,000回ずつ連続してアクセスされ，1次元配列c[]は全ての要素においてアクセス後ループボディを1,000回実行すれば再度同じ場所がアクセスされます．これらの変数や配列要素には，「アクセスされれば直後もしくは近い将来再びアクセスされる」という性質があります．これをメモリ参照の**時間的局所性**と呼びます．

　次に2次元配列a[][]ですが，a[i_0][j_0]がアクセスされた時，その直前のループボディではa[i_0][j_0-1]が，直後ではa[i_0][j_0+1]がアクセスされます．ここでメモリ上でa[i_0][999]の次にあるのはa[i_0+1][0]であることに注意してください．また1次元配列b[]は同じ要素が1,000回連続してアクセスされた後，その隣の要素がアクセスされます．1次元配列c[]はある要素がアクセスされれば，その直後に隣の要素がアクセスされます．これらの配列要素には，「アクセスされれば直後もしくは近い将来に隣の要素もアクセスされる」という性質があります．これをメモリ参照の**空間的局所性**と呼びます．

　ループ変数のように同じメモリ位置を頻繁にアクセスする場合，馬鹿正直にメインメモリから何回もロードするのではなく，メインメモリより2桁高速なレジスタを利用すればプログラムの高速化が図れます．これを変数のレジスタ

割り当てといい，コンパイラによって自動的に行われます．レジスタは最も高速な記憶装置ですが，容量に制限があります．従って，例えば時間的局所性を持つ 1 次元配列 b[] を全てレジスタに割り当てることはできません．それどころか，ループ変数 i と j のどちらかしかレジスタに割り当てることができない場合もあるかもしれません．このような場合に利用されるのがキャッシュメモリです．キャッシュメモリはメインメモリに比べて 1 桁ほどアクセスが早いため，メインメモリから 1 度キャッシュメモリにコピーしておけば，それ以後のアクセスはメインメモリにアクセスするのではなく，キャッシュメモリから取ってこられるので，レジスタほどではないものの，プログラムの高速化が図れます．

一方，2 次元配列 a[][] のように空間的局所性を持つものもキャッシュメモリを利用することができます．詳しくは 6.4 節で説明しますが，メインメモリへのアクセスは，その時プログラムが必要とする 32 ビットなり 64 ビットのデータのみを取ってくるのではなく，当該データを含む数十 B から数百 B 単位の連続領域を取ってきて，キャッシュメモリに格納します．この時，空間的局所性を持つデータは直後もしくは近い将来に隣接するデータもアクセスされる可能性が極めて高いわけですから，その場合は高速にキャッシュメモリからデータを受け取ることができます．

次に大きな配列を使った別のプログラム例を考えてみましょう．

```
for (i=0; i<250; i++)
    for (j=0; j<1000; j++)
        for (k=0; k<1000; k++)
            x[i][j][k] = 値;
      :
      :
for (i=0; i<250; i++)
    for (j=0; j<1000; j++)
        for (k=0; k<1000; k++)
            別の配列 = x[i][j][k];
```

このプログラムは 1 GB のメインメモリを持つコンピュータで走らせることができますが，3 次元配列 x[][][] のサイズはその各要素が 4 B だとして，1 GB になります．つまり，このプログラムの上側の 3 重ループを実行した時点で，メ

インメモリの全てを3次元配列 x[][][] で占めてしまうことになり，プログラムの他の部分はおろか，OS の使う分もメインメモリに残されていないことになります．このようなことが可能なのは，仮想記憶方式を使うからなのです．

このプログラムの上側の3重ループを実行している時に，アクセスされてから一定以上時間が経つと，初期化された3次元配列 x[][][] の要素を含む連続メモリ領域は，HDD に退避（ページアウト）させられてしまいます．そしで下側のループで必要になった時に HDD からメインメモリに復帰（ページイン）します．図 6.3 に仮想記憶方式の概念図のみ示しておきます．HDD はメインメモリより2桁くらいアクセス速度が遅いですが，この例で示すように滅多に使わないデータは，メインメモリよりも大容量かつ低速度の補助記憶装置に格納されることで，より頻繁に利用するデータをより高速かつ小容量な記憶装置に置くことができ，全体のパフォーマンスを上げることが可能となるわけです．仮想記憶方式については第7章の 7.2 節で詳しく説明します．

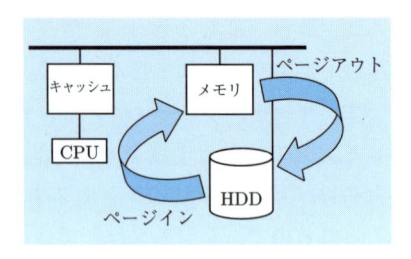

図 6.3　仮想記憶方式

これらの例で分かるように，プログラムで使われるデータには参照の局所性があり，頻繁に使われるデータほど小容量・高速な記憶装置に，あまり使われないデータほど大容量・低速な記憶装置に格納することで，プログラム全体の高速化を低コストに得ることができます．さまざまな要求事項に対して使われる記憶装置には，図 6.4 で示すような階層性の性質があります．この階層性は，データの利用頻度とアクセス速度のトレードオフで決まるもので，例えば日常生活における衣服を考えてみると分かりやすいでしょう．毎日必ず着る服はすぐに取れる場所に置いておくでしょうし，

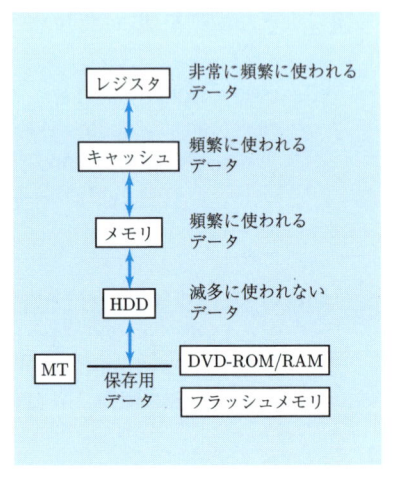

図 6.4　記憶装置の階層性

週に何回か着る服はタンスの引き出しにしまっておくでしょう．月に数回しか着ない服はクローゼットの中にしまうでしょうし，そのような服は衣替えで1年の半分は押入れの中でしょう．

　HDD以外の補助記憶装置に関しては，ほとんどが可搬性の性質を持ち，大容量・低速度のものになります．20世紀のパソコンではフロッピーディスクという補助記憶装置が主役でしたが，その記憶容量（1.44 MB）の制限から21世紀にはほとんど使われなくなりました．それに代わるように使われるようになったのがCD-ROM/R/RWです．CD-ROMは1980年代から音楽に使われていたCDをコンピュータのROMとして使うようになったもので，それが1990年代後半になって1度だけ書き込むことができるCD-R，何度でも書き換え可能なCD-RWが出てくると，当時としては大容量（640 MB）な補助記憶装置として広く使われるようになりました．その後CDをさらに大容量化したDVD（5.2 GB）が動画用に出現し，これをコンピュータで使えるようにしたDVD-ROM/RW/RAMが広く使われています．またテレビ放送の地デジ化に伴い，さらに容量の大きいブルーレイディスク（25 GB）も使われつつあります．同時に1990年代から使われていたフラッシュメモリの高密度化が進み，比較的大容量（128 GB）・不揮発性・可搬性・比較的高速な補助記憶装置として広く利用が進んでいます．さらにこのフラッシュメモリを多数搭載してインタフェースをHDDと互換性を持たせた**SSD**（Solid State Device）として爆発的な普及が予想されています．2013年現在ではSDDの容量はHDDに迫りつつあるも非常に高価なのですが，HDDより高速・省電力・可搬性という特徴は補助記憶装置の新しい利用を創出するものとして注目を集めています．

　一方，補助記憶装置の中で磁気テープは比較的古くからアナログのものが使われ，現在ではディジタル化されたものがスパコンやデータセンタのバックアップ用に使われています．ディジタル化された磁気テープはDLT（Digital Linear Tape）として使われており，1本数百GBのバックアップ可能なカートリッジを何本も使うことで，非常に大規模なシステムのバックアップが可能となります．磁気テープの最大の利点は昔はコストだったのですが，劇的に安価になったHDDのためにそのコストメリットは少なくなっています．しかしながら可搬性を考えると，これに代わる大規模システムのバックアップ用補助記憶装置はなかなか出てこないようです．

6.3 メインメモリの構成と高速化

現在のメインメモリは半導体を使って作られています．半導体で作られるメモリは大きく分けて SRAM（Static Random Access Memory）と DRAM（Dynamic RAM）の2種類があります．SRAM は多くの場合4個のトランジスタによるフリップフロップの論理回路で1ビットの情報を表します．SRAM は DRAM に比べて情報を安定に保つことができ，高速にアクセスできる反面，製造コストが高くなります．このため SRAM はプロセッサ内のキャッシュメモリとして使われることが多いのです．

図 6.5 は SRAM の構成例を示しています．入力は 20 ビットのアドレスで，これを 10 ビットのローとカラムに分け，それぞれ 10 ビットの入力をデコーダに入れて 1,024 本のワード線・ビット線を得ます．各ワード・ビット線の組み合わせに対応してメモリセルが割り当てられます．各メモリセルには**フリップフロップ**による1ビット記憶領域があるので合計1Mビットの情報を格納できるわけです．指定したメモリセルの状態は2本の出力線で得ることができます．

これに対して DRAM はトランジスタ1個とコンデンサ1個でメモリセルを構成します．図 6.6 に DRAM のメモリセル構成の概念図を示します．入力のワード線とビット線ごとに割り当てられるメモリセルの中にスイッチがありますが，これがトランジスタになります．トランジスタはその右下のコンデンサへのスイッチになるわけです．

DRAM は SRAM に比べて情報を安定に保つことができず，定期的（1秒間に十数回）に全てのコンデンサの電力を増幅し

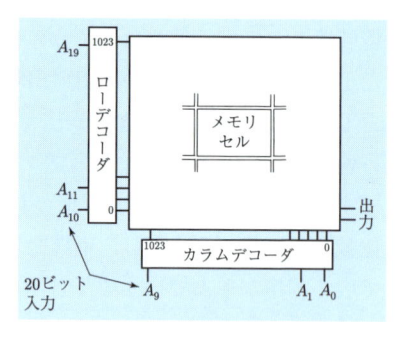

図 6.5　SRAM の構成

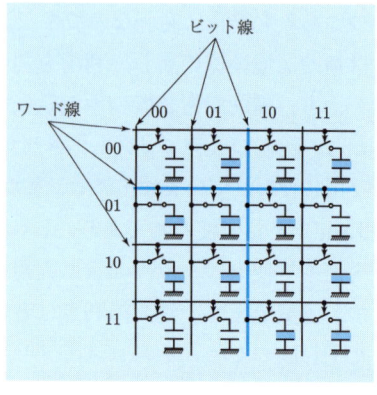

図 6.6　DRAM のメモリセル

て元に戻してやる必要があります．これをリフレッシュといいます．DRAM でのメモリセルの読み書きは，コンデンサに対して電圧を測ったり充電したりすることに相当するので，SRAM に比べて速度が遅いという欠点があります．そのため DRAM のデータ転送速度を上げるためにさまざまな工夫がなされています．図 6.7 は DRAM の構成例を示しています．SRAM の例と同様に 20 ビットの入力を上位 10 ビット下位 10 ビットに分けて入力するのですが，ロー（行）デコーダへの指令は RAS（Row Address Strobe）で，カラム（列）デコーダへの指令は CAS（Column Address Strobe）で行います．DRAM へのデータ要求は，RAS を指定した後，CAS を指定して一定時間経つとセンスアンプに目的のデータが読み込まれます．センスアンプとはテスタ（電圧を測る）とアンプ（電力の増幅）の両方を兼ねるようなもので，1,024 本のビット線でそれぞれ利用できます．

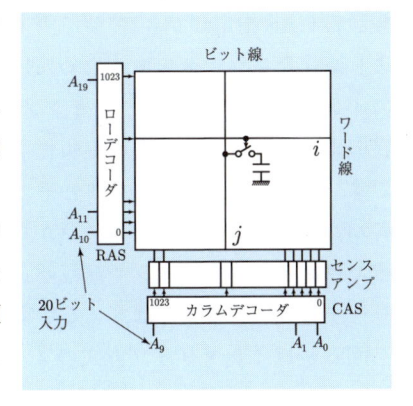

図 6.7　DRAM の構成

リフレッシュは CAS でワードを指定した後，そのワード線につながっている全てのメモリセルをセンスアンプに読み込み，充電が必要なものは充電して各メモリセルに戻します．このリフレッシュの考えを応用したのが高速ページモードと呼ばれる DRAM の改良版です．高速ページモード DRAM では，RAS を指定した後，後続するメモリ要求が同一ワード内である限りは CAS を何回も発行してデータを次々と受け取ることができます．

このようにメインメモリではアドレスを受け取るとそれを各 DRAM の大きさに合わせてロー/カラムに分解し，まずローから解釈するために与えられたローアドレスをワード線に送るための RAS 指定をします．次にカラムを解釈するために与えられたカラムアドレスをビット線に送るための CAS 指定をします．CAS 指定がなされてから一定時間経ってから当該メモリセルへのアクセスが対応するセンスアンプによってなされるわけです．メインメモリではアドレスを受け取ってからデータが参照可能になるまでの時間が長いことが最大の問題でした．上で説明した高速ページモード DRAM では同一ワード線に対して

複数の CAS 指定ができるため，アクセス時間の問題は多少はましになりますが，より高速なアクセスをするためにはより大掛かりなしくみが必要なものです．

インタリーブ方式とは，メインメモリの高速アクセスを可能とする手法で，現在のように DRAM が高度集積化する前からスパコンなどで使われていた技術です．インタリーブ方式ではメインメモリを独立した複数の**バンク**に分けます．各バンクはメモリコントローラからの指示によってアクセスが行われます．前章では命令パイプラインや演算パイプラインについて説明しましたが，インタリーブ方式のメモリとは，メモリ参照に対するパイプラインのようなものです．

図 6.8 はインタリーブ方式のメインメモリの概念図を表しています．ここではメインメモリの $4 \times n$ 番地，$4 \times n + 1$ 番地，$4 \times n + 2$ 番地，$4 \times n + 3$ 番地からなる 4 個のバンクがメモリコントローラからの指示により独立して動きます．インタリーブ方式においてバンクの数のことを**ウェイ数**といいます．従って図 6.8 は 4 ウェイインタリーブ方式ということになります．

図 6.9 ではこの 4 ウェイインタリーブ方式で連続するメモリ参照が行われた時に，データ転送が効率良く行われていることを示しています．まず CPU から 0 番地の

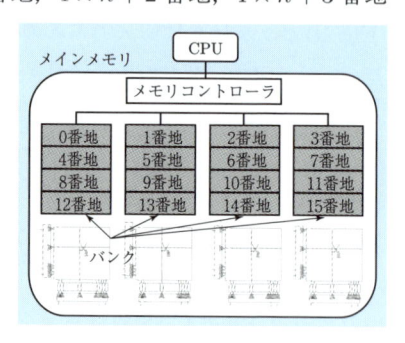

図 6.8 インタリーブ方式

データ要求を受けると Bank 0 で 0 番地のデータ読み出しが始まります．その読み出しが終了する前に次の 5 番地のデータ要求を Bank 1 が，2 番地のデータ要求を Bank 2 が，7 番地のデータ要求を Bank 3 が次々に処理していきます．そして 4 番地のデータ要求が来る前に Bank 0 では 0 番地のデータを転送して，引き続き 4 番地のデータ要求を処理するわけです．このようにして 4 ウェイインタリーブ方式ではメインメモリの速度が最高 4 倍にまで加速されます．

ウェイ数を大きくすればさらにメインメモリの高速アクセスが可能になるのですが，同時にハードウェアコストが非常にかかるため，スパコンなどのハイエンドコンピュータのメモリシステムではウェイ数の大きい，パソコンなどのローエンドコンピュータではウェイ数の小さいインタリーブ方式が使われています．またウェイ数を増やすだけでは不十分で，それに見合う転送能力を持っ

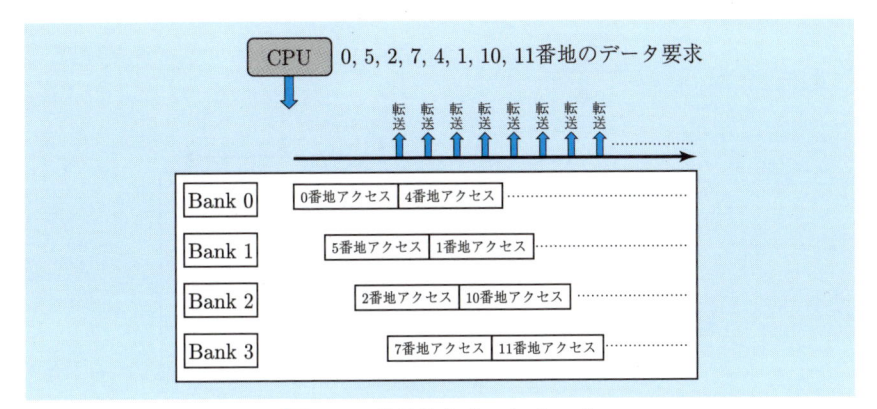

6.3 メインメモリの構成と高速化

```
      CPU   0, 5, 2, 7, 4, 1, 10, 11番地のデータ要求
       ↓
            転 転 転 転 転 転 転 転
            送 送 送 送 送 送 送 送
            ↑ ↑ ↑ ↑ ↑ ↑ ↑ ↑
  ┌──────┐
  │Bank 0│  │0番地アクセス│4番地アクセス │………
  ├──────┤
  │Bank 1│     │5番地アクセス│1番地アクセス│……
  ├──────┤
  │Bank 2│       │2番地アクセス│10番地アクセス│…
  ├──────┤
  │Bank 3│          │7番地アクセス│11番地アクセス│
  └──────┘
```

図 6.9　効果的なインタリーブ

たシステムバス†を使わなければなりません．

図 6.9 では効率的なインタリーブについて説明しましたが，CPU からのデータ要求が必ずしも高速化されない場合もあります．図 6.8 のメモリシステムに対して，0 番地，4 番地，8 番地，12 番地，... というデータ要求が続く場合，図 6.10 のように Bank 0 にアクセスが集中してしまい，インタリーブ方式を全く利用できないことが分かります．このような状況でメモリのアクセスが劣化することを**バンクコンフリクト**といいます．図 6.10 のような状況は，例えば 2 次元配列 a[4][4] に対して a[0][0]，a[1][0]，a[2][0]，a[3][0]，... というアクセスを行う場合に起こりえます．この場合，配列 a[4][4] の宣言を a[4][5] と変えることによって，図 6.11 に示すように，0 番地，4 番地，8 番地，12 番地，... というデータ要求は，0 番地，5 番地，10 番地，15 番地，... というデータ要求に変更され，インタリーブ方式が効率良く働き，バンクコンフリクトを回避できるのです．このバンクコンフリクト回避の手法を**パディング**と呼びます．

---

†前章まで CPU とメモリを接続するという意味でバスという言葉を使ってきましたが，本章以後はシステム全体のメインのデータ通信路という意味でシステムバスという言葉を使います．詳細は第 8 章で説明します．

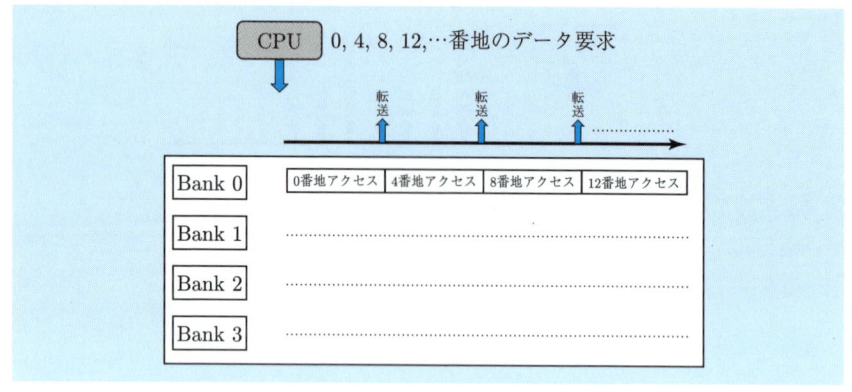

図 6.10　バンクコンフリクト

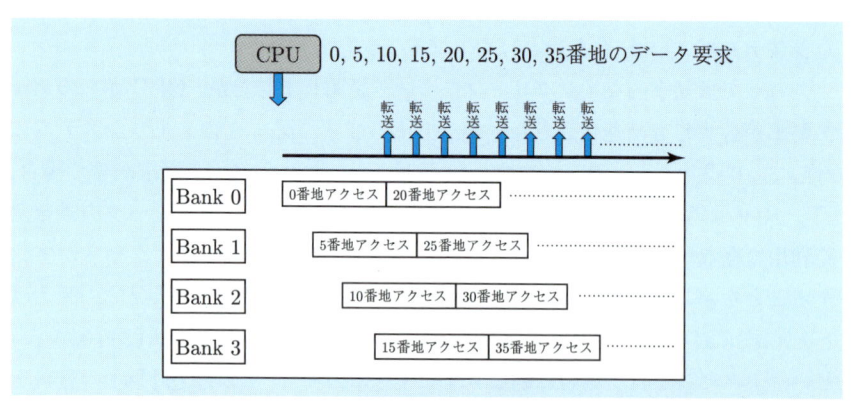

図 6.11　パディングによるバンクコンフリクトの回避

6.4　キャッシュメモリの利用

　第 2 章で説明したように，現在のコンピュータはノイマン型が大半を占めており，ノイマン型コンピュータの特徴の 1 つがプログラム内蔵方式でした．プログラム内蔵方式ではプログラムとデータをメインメモリに置いて，それを CPU が自由に使うことで，それまでのコンピュータのさまざまな制約を受けない汎用計算ができるようになったのですが，第 5 章で示したように CPU 自体が高速化してくると，新たな問題が発生してきたのです．すなわち，CPU が計算を行うためには命令ごとにプログラムとデータが必要であるのに，それに見合う

6.4 キャッシュメモリの利用

データ転送能力を CPU 以外のモジュールが持っているかどうかでした．

図 6.12 に示すコンピュータは 1 GHz の CPU，100 MHz のシステムバス，50 MHz のメモリから構成されています．このコンピュータは 1 命令あたり平均して 1 ワード[†]のメモリ参照が必要だとします．1 GHz の CPU とは，CPU 内の各ハードウェアモジュールが 1 GHz のクロックに同期して作動するということであり，第 5 章で説明した命令パイプラインがうまく働けば，1 秒間に 1 G 回の命令を実行できます．つまり CPU 単体で見れば，このコンピュータは 1 GIPS（第 1 章 1.4 節参照）の潜在的な性能を持っているわけです．ところがメモリは 50 MHz でしかデータを（ワード単位で）供給できません．ただし，このメモリは前節で説明したインタリーブ方式を採用していて 4 ウェイで動作するため，データの供給能力は 200 MHz と同じになります．1 ワードのメモリ参照 1 回につき CPU は 1 命令実行できるわけですから，このコンピュータは 200 MIPS の性能しか持たないことになります．さらにシステムバスは CPU とメモリをつなぐコンピュータの大動脈なのですが，これの転送速度が 100 MHz（1 秒間に 1 ワードを 100 M 回転送可能）ということは，このコンピュータの性能は結局 100 MIPS に過ぎないことになってしまいます．

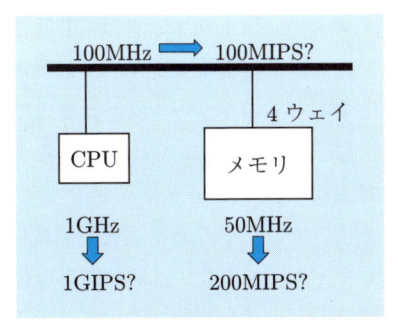

図 6.12 このコンピュータの性能は?

このように CPU だけが高速化しても，データや命令を供給するメモリやシステムバスが十分に速くなければ，その CPU の持つ潜在的な性能を出すことができなくなってしまいます．この現象は**ノイマンボトルネック**と呼ばれ，現在のコンピュータはいかにしてノイマンボトルネックを回避するかという観点から改良が進められているのです．6.2 節ではメモリ参照の局所性について説明しましたが，この性質を利用することでノイマンボトルネックをある程度軽減できる技術があります．それがキャッシュメモリなのです．

[†]CPU が処理する単位のデータ量のことです．32 ビット CPU なら 4B，64 ビット CPU なら 8B になります．

第6章 記憶装置

ノイマンボトルネックはCPUとそれにデータを供給するモジュールの速度差で発生するものです．キャッシュメモリとは図 6.13 で示すように CPU とシステムバスの間に設置する小規模高速記憶装置です．メインメモリ中のある連続小領域のコピーをキャッシュメモリに置いておけば，当該領域のデータを参照するのにメインメモリから取ってこなくても，より CPU に近いキャッシュメモリから取ってくることで，データ転送時間を大幅に隠蔽できるわけです．すなわちノイマンボトルネックをある程度緩和することができます．

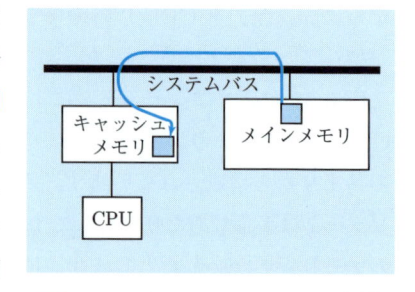

図 6.13 キャッシュメモリの設置

キャッシュメモリ利用の大まかな流れを図 6.14 に示します．CPU からメモリ参照要求が発行された時，その要求はキャッシュメモリとメインメモリの両方同時に向かいます．目的とするデータがキャッシュメモリ中にある場合，すなわち**キャッシュヒット**の場合，そのままキャッシュメモリから CPU に転送され，同時にメインメモリに発行した要求は取り消されます．キャッシュメモリとメインメモリのデータ転送時間は数十倍から数百倍違うため，このようなことが可能となります．目的とするデータがキャッシュメモリにない場合は**キャッシュミス**になり，メインメモリからのデータ転送を待ちます．メインメモリからデータが転送された時，そのデータは CPU だけではなくキャッシュメモリにも送られます．このメインメモリからキャッシュメモリへのデータ転送ですが，もともと CPU が必要としていたワードのみが送られるのではなく，そのワードを含む近隣連続領域が転送されます．この連続領域のことを**キャッシュライン**と呼び，キャッシュメモリとメインメモリの間でのデータ転送の単位となります．またキャッシュメモリ中のキャッシュラインが

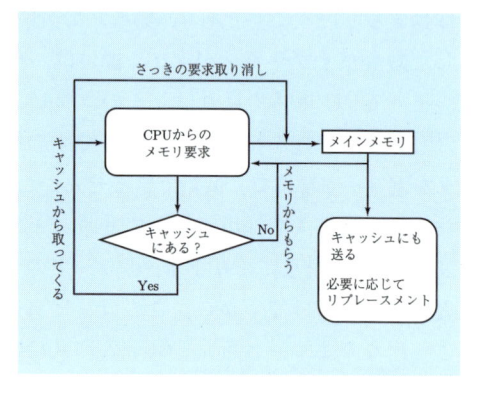

図 6.14 メモリ要求の処理手順

6.4 キャッシュメモリの利用

格納される場所のことも，ややこしいですが本書ではキャッシュラインと呼びます．さらにメインメモリ中のキャッシュラインに対応する連続領域のことを本書ではメモリブロックと呼ぶことにします．キャッシュラインがキャッシュメモリに転送される際，そのキャッシュメモリに新たに転送されたキャッシュラインを格納するスペースがない場合，既存のキャッシュラインの中から何らかの方針に従ってキャッシュラインを選び，転送してきたキャッシュラインと入れ替える必要があります．このことをキャッシュラインのリプレースメントといいます．キャッシュリプレースメントについては後ほど説明します．

キャッシュラインのサイズはキャッシュメモリ全体の大きさにも密接に関係しており，全体の数十分の一から数百分の一程度が多いようです．後で述べるようにキャッシュメモリにも階層性があり，CPU に最も近くて小規模なキャッシュメモリだと数十 KB の容量でラインサイズは数十 B 程度なのですが，大規模なシステムでメインメモリ側に一番近い大容量のキャッシュメモリだと，数十 MB の規模でラインサイズが 1 MB に達するものもあります．また効率の良いデータ転送を行うためにラインサイズは第 8 章で説明する DMA 転送量の整数倍である必要があります．

次にキャッシュメモリの具体的な利用について説明します．図 6.15 では 1 MB のキャッシュメモリを有するコンピュータで 2 重ループのあるプログラムを走らせています．2 重ループでは 2 次元配列 a[][] を使っていますが，この配列（32 ビット整数型とします）の大きさは 1 MB（1 要素 4 バイトが 512 × 512 個 = 1 MB）ですから，2 重ループ実行後には a[][] のデータは全てキャッシュイン（キャッシュメモリに格納）するように思うでしょう．ところが配列 a[][] は同時にすべてキャッシュメモリに格納されることはありません．プログラムコードもキャッシュメモリに格納されているからとか，他の変数も格納されるからという理由でもありません．たとえキャッシュメモリの容量が倍であったとしても 1 MB の配列全要素が同時にキャッシュインしていることは，普通ありえないのです．実は

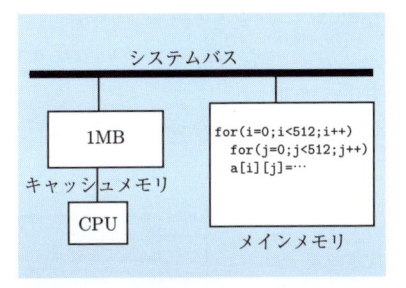

図 6.15 キャッシュメモリとプログラム中のデータ

キャッシュメモリの各キャッシュラインは，そこに格納できるメモリブロックがあらかじめ決められているのです．

6.5 キャッシュメモリの構成と管理

メインメモリのメモリブロックをキャッシュメモリのキャッシュラインに対応付けることをマッピングといいます．キャッシュメモリのマッピング方式にはダイレクトマップ方式，セットアソシアティブ方式，フルアソシアティブ方式の3種類があります．以下，それぞれのマッピング方式について説明します．

ダイレクトマップ方式　図 6.16 はダイレクト方式のキャッシュメモリにおけるキャッシュラインとメモリブロックの対応付けを示しています．ここでは簡単のためにキャッシュメモリの容量を 64KB，キャッシュラインサイズを 64 B，メインメモリは 1 MB とします．この時，キャッシュメモリ中にはキャッシュラインが 1,024 個直列に並んだような形になっており，メインメモリはメモリブロックが 1 MB ÷ 64 B = 1024 × 16 の配列のような形でキャッシュメモリから見えています．各メモリブロックに 0 から 1024 × 16 − 1 まで番号を振って，1,024，1,025，2 がキャッシュインしている状態を図 6.16 は表しています．この状態でメモリブロック 1 がメモリ参照要求を受けた場合，メモリブロック 1 は上から 4 番目の空いているキャッシュラインに格納されるのではありません．1,025 を追い出して，そこに格納されることになります．つまりメモリ参照要求を受けたメモリブロックの番号を 1,024 で割った余りの数を算出して，上か

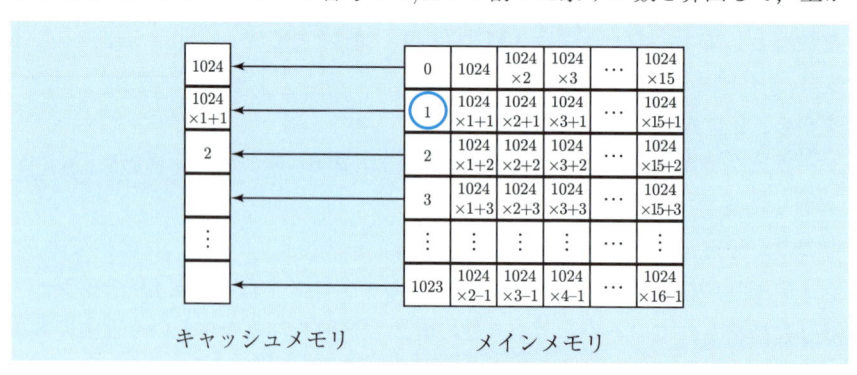

図 6.16　ダイレクトマップ方式

6.5 キャッシュメモリの構成と管理

ら数えてその番号になるキャッシュラインに格納するわけです.

このようにダイレクトマップ方式では,メモリブロックの番号をキャッシュライン総数で割った余りが同じであるメモリブロックが1個のキャッシュラインを共有します.図 6.16 の例では 16 個のメモリブロック（$i, i+1012, i+1012 \times 2, \cdots, i+1012 \times 15$）が1個のキャッシュラインを共有するわけです.このように書くとキャッシュヒット率は 1/16 と思うかもしれませんが,6.2 節で説明したメモリ参照の局所性の性質のため,ダイレクトマップ方式のキャッシュメモリでもキャッシュヒット率は 9 割前後であることが多いのです.とはいえ,他のマッピング方式に比べるとダイレクトマップ方式は明らかにキャッシュヒット率が劣ります.それにも関わらずダイレクトマップ方式は小規模なキャッシュメモリとして使われています.その理由は動作速度とハードウェアコストの安さにあります.特にキャッシュミスで新たに取ってきたキャッシュラインをどこで置き換えるかというリプレースメント時には選択肢がないわけですから最速かつ最も簡単に実装できるわけです.

ところが多数の配列や 2 次元配列を持つプログラムの場合,ダイレクトマップ方式ではキャッシュヒット率の低下が顕著になることがあります.例えば図 6.17 では上から 2~4 番目のキャッシュラインに対して配列 A と B の両方のメモリブロックが重なってマッピングされています.このような配置の時に

```
for (i=0; i<48; i++)
  … = A[i]+B[i];
```

というプログラムが実行されるとどうなるかを見てみましょう.配列 A[0:15][†]と配列 B[0:15] は上から 2 番目のキャッシュラインにマッピングされます.従って最初 A[0] が参照されると A[0:15] であるメモリブロック 1,025 がキャッシュインします.ところがすぐに B[0] が参照されますので,B[0:15] であるメモリブロック 3,073 がキャッシュライン 1,025 をリプレースしてキャッシュインします.次に A[1] が参照されるのですが,これはメモリブロック 1,025 に入っているので本来キャッシュヒットするはずだったものが,直前のリプレースメントによりキャッシュミスを起こし,メモリブロック 1,025 がキャッシュライン

[†]A[0] から A[15] までという意味です.

3,073 をリプレースしてキャッシュインします．そしてすぐに B[1] が参照されますが，これもメモリブロック 3,073 に入っているので本来キャッシュヒットするはずのものでした．このように2つのメモリブロックが1つのキャッシュラインを頻繁に奪い取る現象が発生し，これはキャッシュメモリ全体の性能を大幅に劣化させます．このような性能劣化現象のことをキャッシュスラッシング[†]といいます．キャッシュスラッシングは A[16:31] と B[16:31]，A[32:47] と B[32:47] でも同様に発生します．またキャッシュスラッシングが発生している時のキャッシュヒット率は大幅に低下します．

そこで少々動作速度が遅くなったり，多少実装コストが余分にかかっても，キャッシュヒット率が低下しにくい方式が必要とされ，それが次に述べるセットアソシアティブ方式なのです．

セットアソシアティブ方式　図 6.17 の例でメモリブロック 3,073 が初めて参照された時，既にキャッシュインしている 1,025 を追い出すことなく別の場所にキャッシュインできればキャッシュスラッシングは発生しにくくなります．これはダイレクトマップ方式では不可能ですが，ダイレクトマップ方式でのキャッシュラインの列をもう1つ増やせば可能となります．図 6.18 では図 6.16 にキャッシュラインの列をもう1つ増やすことで，図 6.17 の例のようなキャッシュスラッシングが発生しにくくなることを示しています．これがセットアソシアティブ方式となります．図 6.18 のキャッシュの列の数のことをウェイ数と呼び

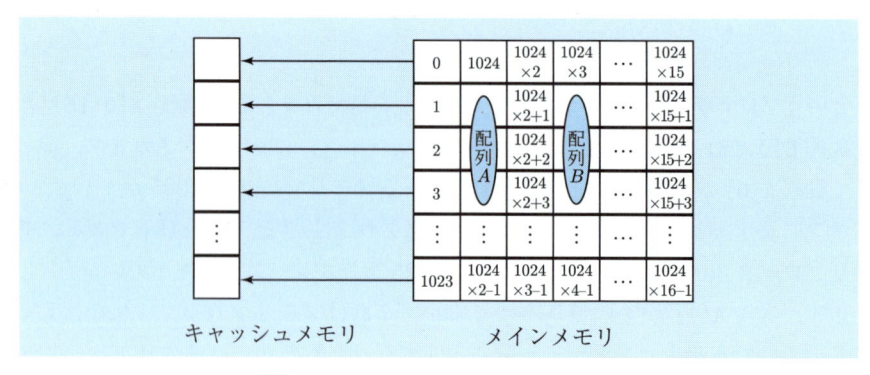

図 6.17　キャッシュスラッシング

[†] 第7章で説明するスラッシングのキャッシュメモリ版という意味で使っています．

6.5 キャッシュメモリの構成と管理

ます．従って図 6.18 は 2 ウェイセットアソシアティブ方式ということになります．図 6.18 は図 6.16 のキャッシュラインの列だけ 2 倍にしたものとします．つまりキャッシュメモリの容量のみが 2 倍の 128 KB になっており他は同じです．

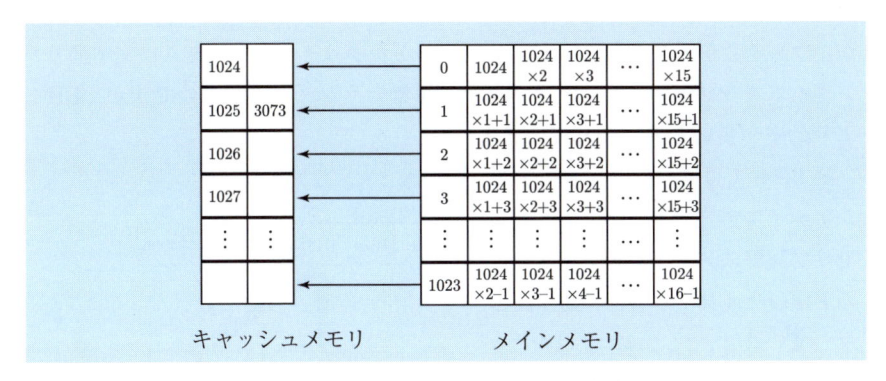

図 6.18　セットアソシアティブ方式

一般に n ウェイセットアソシアティブ方式では，メモリブロックの番号をキャッシュライン総数で割った余りが同じであるメモリブロックが n 個のキャッシュラインを共有します．図 6.18 の例では 16 個のメモリブロック $(i, i+1012, i+1012\times 2, \cdots, i+1012\times 15)$ が 2 個のキャッシュラインを共有するわけです．見方をちょっと変えてみれば，ダイレクトマップ方式は 1 ウェイセットアソシアティブ方式と同じになります．

セットアソシアティブ方式はダイレクトマップ方式に比べて当然のごとくキャッシュヒット率が良くなりますが問題点もあります．ダイレクトマップ方式ではキャッシュラインのリプレースメントが発生した時にリプレース対象のキャッシュラインは選択の余地がありませんでした．ところが n ウェイセットアソシアティブ方式では n 個のキャッシュラインからリプレース対象を選ばなければなりません．理想的には「将来最も使わない」キャッシュラインをリプレース対象にすればいいのですが，これはほぼ不可能[†]です．実際に使われる方法としては，FIFO，LRU，ランダムなどがあります．

FIFO（First In First Out）はキュー構造であり，最初に来たデータを先に

[†]プログラム中のキャッシュの挙動を記述するという研究はありますが，実用化までには至っていないようです．

出すデータ構造です．ハードウェアで実装するのにコストが安く済むのですが，キャッシュラインの性質（参照の局所性）には完全に合致するとはいえません．**LRU**（Least Recently Used）は最も昔に使われたキャッシュラインから先に出すアルゴリズムで，キャッシュラインの性質にかなり合うところがありますが，ウェイ数が大きくなるほど実装コストがかかります．ランダムは文字通りランダムにキャッシュラインのリプレース対象をランダムに選ぶのですが，FIFOより効率が良いともいわれています．

図 6.19 では 4 ウェイセットアソシアティブ方式のキャッシュメモリでリプレースメントが発生した場合の FIFO と LRU の場合の動作例を示しています．図 6.19 上はキャッシュラインを共有する同一カラムで 4 つのキャッシュラインが全て塞がっているところでキャッシュライン 4,096 がリプレースメントを起こしている状態を示しています．各キャッシュラインの右上の丸数字は当該キャッシュラインが参照された順番を新しい順に示したものです．図 6.19 下の左は FIFO で，右は LRU でリプレースメントが発生した後の状態を示しています．FIFO の場合，参照された順番に関わらず一番左のキャッシュラインが追い出され，他の既存キャッシュラインは 1 つずつ左に移動して一番右にキャッシュライン 4,096 が入っています．LRU の場合は，最も古く参照されたキャッシュライン 1,024 が追い出され，その場所に 4,096 が入り参照順番が変化しています．FIFO では最も新しく参照されていたキャッシュライン 0 がリプレースされてしまったのに対し，LRU では最も長く使われていなかった 1,024 がリプレースされています．

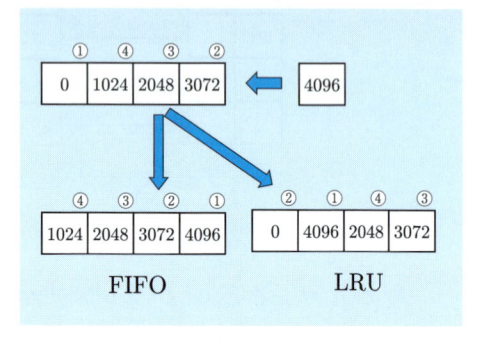

図 6.19　FIFO と LRU

このようにリプレースメントの手法は効率の良い LRU が望ましいのですが，全てのキャッシュラインの参照順番を走査して，古いキャッシュラインを追い出し，新しいキャッシュラインにリプレースすると同時に，参照順番をつけかえるという作業が必要になります．キャッシュメモリはもともと CPU に対するデータ供給速度を上げるためのものなので，このような複雑な処理も可能な限り短

6.5 キャッシュメモリの構成と管理

時間で行わなければなりません．では LRU はどのように実装されているのでしょうか．

LRU の実装方法はウェイ数と深く関係しています．まず 2 ウェイの場合，実装は比較的簡単になります．各キャッシュラインに最新参照を示す制御ビットを 1 ビットずつ追加して，参照されたキャッシュライン最新参照ビットを 1 として，同一カラムで別のウェイにある最新参照ビットを 0 とします．リプレースメントが起きた時には最新参照ビットが 0 である方のキャッシュラインをリプレースすれば良いわけです．

次に 3 ウェイの場合はウェイ 0，1，2 の 3 つの参照順番を同一カラムごとに記憶する必要があります．図 6.20 にその状態遷移を図示しています．例えば (0, 1, 2) の状態（ウェイ 0 が最新参照でウェイ 2 が最古参照）で，ウェイ 0 に参照があれば状態は変わらず，ウェイ 1 に参照があれば状態は (1, 0, 2) に，ウェイ 2 に参照があれば状態は (2, 0, 1) に推移します．各状態でリプレースメントが発生すれば最古参照のウェイがリプレース対象となります．状態数は 6 種類で，各状態は 6 ビットあれば表せますので，キャッシュメモリ全体では 1024×6 ビットの記憶容量が必要になります．さらにこれらの状態間遷移を順序回路で実装すれば高速に実行できます．このような状態遷移を実装した順序回路のことをステートマシン[†]と呼びます．

同様に 4 ウェイセットアソシアティブ方式の場合は状態数が 24 種類になり，8 ビットあれば表せるので全体で 1024×8 ビットの記憶容量と状態推移を記述したステートマシンが必要になります．これくらいまでなら何とか実装可能なのですが，例えば 8 ウェイになると状態数は 40,320 通りになり，これを記述するステートマシンを実装することはコスト的に不可能になります．

セットアソシアティブ方式の適切なウェイ数は，そのキャッシュメモリの要件によっ

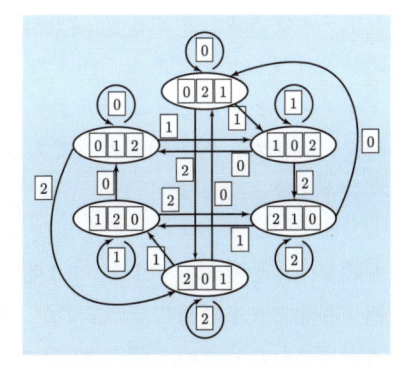

図 6.20 3 ウェイの場合

[†] 第 5 章 5.5 節で言及したステートマシンと同種のものです．

て異なります．その要件とは，後述する当該キャッシュメモリの階層レベルと，そのキャッシュメモリが使われるコンピュータシステム全体の対象アプリケーション分野となります．しかしながら多くの場合，4 ウェイ以上のセットアソシアティブ方式では，純粋な LRU を利用することがコスト的に困難であるため，上位 2～3 ウェイのみ記録しておき，リプレースメントが発生した時はランダムやラウンドロビン[†]でリプレース対象を決定する擬似 LRU が使われています．

　以上ここまでをまとめると，キャッシュラインの集まり（セット）が n 組あるものを n ウェイセットアソシアティブ方式といい，特に $n=1$ の場合はダイレクトマップ方式といいます．n の値が小さいほど実装コストが安く高速に動きますがキャッシュヒット率は低下します．逆に n の値が大きくなるとキャッシュヒット率は上がりますが実装コストは高く，特にキャッシュラインのリプレースメントには擬似 LRU などを使わなければ実際的ではありません．ここで n という値に拘束されず，未使用のキャッシュラインがある限りどこのメモリブロックでもキャッシュインさせる方式があればキャッシュヒット率に関しては理想的な方式になるかと思います．これをフルアソシアティブ方式といいます．

フルアソシアティブ方式　　図 6.16 の例で，メモリブロック 1 が参照された時，ダイレクトマップ方式なので，キャッシュラインの列の上から 4 番目以降の未使用のキャッシュラインは使うことができないという説明をしましたが，これを使えるようにしたのがフルアソシアティブ方式です．図 6.16 がフルアソシアティブ方式だとすると，1,024 個のキャッシュラインに対して 1024×16 個のメモリブロックがあり，任意のメモリブロックを任意のキャッシュラインにキャッシュインさせることができるわけです．これはうまく実装できれば理想的なのですが，実際問題としてある程度以上の大きさのキャッシュメモリでは実装不可能となります．

　フルアソシアティブ方式を実装するには第 7 章の 7.3 節で説明する連想写像方式を使う必要があります．7.3 節では実際の実装にハッシュ関数を使った擬似連想写像方式を説明していますが，キャッシュメモリへの参照は超高速であることが求められるため，図 6.21 のように各キャッシュラインに同時並列でアドレス参照を行うハードウェアが必要となります．従って，フルアソシアティブ方

[†] $1 \to 2 \to \cdots \to N \to 1 \to 2$ というような巡回による選択

式のキャッシュメモリは非常に容量の小さいもの，例えばキャッシュラインの数が100個程度のものしか現実的に使えません．このような理由のため，フルアソシアティブ方式のデータキャッシュメモリは通常は使われませんが，7.5節で説明する **TLB** でアドレスキャッシュとして使われることがあります．

ライトバックとライトスルー　　ここまで説明してきたいずれのマッピング方式にも当てはまることですが，キャッシュメモリに対して書き込みを行った瞬間，書き込まれたキャッシュラインとそれに該当するメインメモリ上のメモリブロックでは，同じであるはずのデータが異なるという現象が発生します．この矛盾はどこかのタイミングで解消してやらなければならないのですが，そのタイミングによって2種類の方法が考えられています．すなわち，キャッシュメモリへの書き込みと同時にメインメモリにも書き込む方式と，キャッシュメモリに単に書き込みがあっただけではメインメモリを更新せず，これ以上更新履歴を保持できないというところまで持っておいて，当該キャッシュラインがリプレースメントを起こした時に，一気にラインごと更新する方法です．前者を**ライトスルー**，後者を**ライトバック**といいます．

　ライトスルー方式では，キャッシュメモリに対する書き込みが発生すると同時に，書き込まれたアドレスのワードをメインメモリにも書き込みを行います．キャッシュメモリとメインメモリ間の整合性が最大限保たれるという意味では優れた方法で，制御も単純で実装コストが小さいのですが，書き込みが発生するたびにシステムバスを使ってしまうという欠点があります．そもそもキャッシュメモリの意義は，CPUに近いところでデータ通信を行うことで，メインメモリやシステムバスの負荷を減らすというものでした．この目的と，ライトスルー方式は，本質的に矛盾します．図 **6.22(a)** にライトスルー方式の例を示します．この図ではCPUで $k = 3$ という書き込みが発生すると，その書き込みはキャッシュラインのみならず，同時にメインメモリの当該メモリブロックに

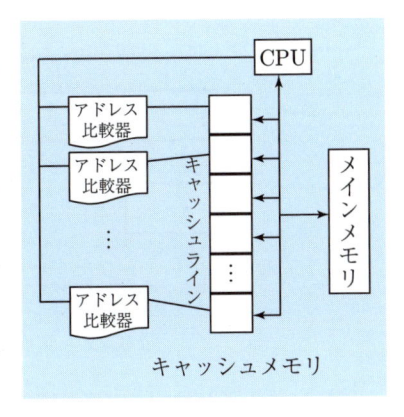

図 **6.21**　　フルアソシアティブ方式

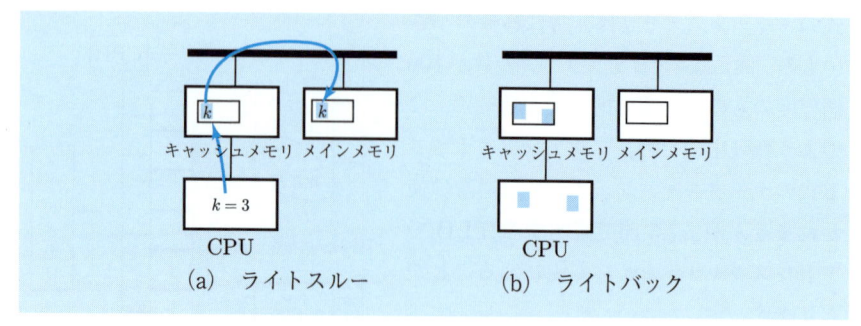

図 6.22　ライトスルーとライトバック

も同様に適用されていることが分かります．

　一方，ライトバック方式では，キャッシュラインに書き込みが行われても何も特別な動作をするわけでもありません．キャッシュラインに書き込みが行われた時点で，メインメモリの内容とは異なっているので，何らかのタイミングで整合性を取る必要があります．ライトバック方式では，書き込みの行われたキャッシュラインが，リプレースメントの対象に選ばれると，当該ライン全てをメインメモリに書き出してから**無効化**します．もし書き込みが行われていないキャッシュラインがリプレースメント対象に選ばれた場合は，当該キャッシュラインはそのまま捨て去られます．図 6.22(b) にライトバック方式の例を示します．この図ではあるキャッシュラインが CPU から何箇所かの書き込みを有しているのに，対応するメモリブロックはそれらの書き込みを反映していないことを示しています．この状態で書き込みのあるキャッシュラインがリプレースメントの対象に選ばれた場合，書き込みのあったところだけを更新するのではなく，キャッシュライン全体を対応するメモリブロックに全て上書きします．

　ライトスルー方式とライトバック方式では，一般に前者は制御が簡単であるが性能が劣ることが多く，後者は制御が複雑であるが性能が良いといわれています．これは特に次節図 6.26 のマルチコアプロセッサ内の階層的なキャッシュメモリの場合に顕著になります．同じく図 6.27 のキャッシュコヒーレンス問題を解決する技術として，ライトバック方式は広く使われています．しかしながらライトスルー方式も**ライトバッファ**と呼ばれる特殊な装置を導入することで，ライトスルー方式の制御の容易さとライトバック方式の性能の良さを両立させ

6.5 キャッシュメモリの構成と管理

るような技術も知られていますが，これらの詳細は本書の範囲外になりますので説明はしません．

命令キャッシュとデータキャッシュ　メインメモリに対する参照要求には，命令をロードするための要求とデータを読み書きするための要求の2種類があり，これら2種類のメモリ参照要求はその特性が大きく異なります．基本的に前者はメモリからの読み込みのみであるのに対し，後者はメモリの読み書き両方が必要となります．これらのメモリ参照要求は，まずキャッシュメモリ対して行われるわけですが，命令のロードの場合は，先に述べたようなキャッシュラインへの書き込みをいつメインメモリに反映させるかという難しい問題は発生しません．このことから，キャッシュメモリは命令のロードを高速化する命令キャッシュと，データの読み書きを高速化するデータキャッシュに分かれていることが多いのです．前章では命令パイプラインの説明をする関係上，第5章の図5.4で示した命令キャッシュとデータキャッシュを前提として説明をしていました．ここでは改めて命令キャッシュとデータキャッシュについて説明をします．

図6.23は命令キャッシュ，データキャッシュ，統合キャッシュの容量（横軸）とキャッシュミス率（縦軸）の関係を示したものです．統合キャッシュとは1つのキャッシュに命令キャッシュとデータキャッシュの両方の役割を与えたものです．このグラフからすぐ分かるように，命令キャッシュは非常に少ない容量のキャッシュであっても，キャッシュミスはほとんど発生しません．これに対してデータキャッシュは32 KB以上なければキャッシュミスが多過ぎる（5%以上）ということが分かります．統合キャッ

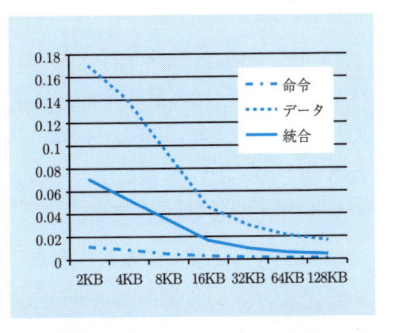

図6.23　キャッシュ容量とキャッシュミス率

シュもデータキャッシュの特性を引き継ぎ，やはり32 KB以上なければ効率が悪くなっています．このようにキャッシュメモリは命令キャッシュとデータキャッシュに分かれて採用されることが多く，これはハーバードアーキテクチャ[†]と呼ばれ，現在の主流となっています．

[†]ハーバード大学で開発されたMSRK-1という黎明期のコンピュータで命令とデータを格納する記憶装置を別々にしたことに由来します．

6.6 キャッシュメモリの階層性

6.2節では記憶装置の階層性について説明しましたが，この性質はキャッシュメモリにも当てはまります．つまり，レジスタ→キャッシュメモリ→メインメモリという位置にあるキャッシュメモリを更に階層化することで，より効率の良い記憶装置とすることができるわけです．

図 6.24(a) ではプロセッサ内に単独のキャッシュを持つコンピュータを示しています．キャッシュヒット率を95%，キャッシュメモリから CPU へのデータ転送時間は 1_{MC}，メインメモリからキャッシュ（CPU）へのデータ転送時間は 100_{MC} とします．この CPU は命令パイプラインが効率良く動いており，キャッシュメモリのアクセス時間 1_{MC} は完全に隠蔽されるとすると，このコンピュータは命令の95%については 1_{MC} で実行を行えるのに対し，

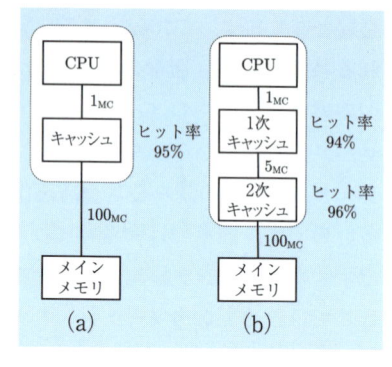

図 6.24　単一 v.s. 複数キャッシュメモリ

残りの5%については 100_{MC} の実行時間が必要になります．従って100命令を実行するのに平均 595_{MC} [†] かかってしまいます．これは 1_{MC} で1命令を実行できる能力の CPU を搭載しているのに，実際の実行時間は6倍弱も長くかかってしまうことを意味します．

これに対して図 6.24(b) では，95%のキャッシュヒット率かつ 1_{MC} でのデータ転送能力という単一のキャッシュメモリを2つに分けて，データ転送能力はそのままでキャッシュヒット率は94%に下がった小規模な1次キャッシュメモリと，データ転送能力は1/5に落ちた 5_{MC} だけどその分容量を多くしたことによってキャッシュヒット率を96%にした低速大規模な2次キャッシュメモリを持つコンピュータを示しています．このコンピュータは命令の94%については 1_{MC} で実行可能で，残りの6%のさらに96%については 5_{MC} で実行可能，2次キャッシュメモリでヒットしなかった全体の 6%×4% については 100_{MC}

[†] キャッシュがなければ $10{,}000_{MC}$ となるのでそれだけでも高速化が達成されていることは自明です．

の実行時間が必要になります．従って100命令を実行するのに必要な時間は $100 \times 0.94 \times 1_{MC} + 100 \times 0.06 \times 0.96 \times 5_{MC} + 100 \times 0.06 \times 0.04 \times 100_{MC} = 146.8_{MC}$ となり，単一キャッシュメモリからなるコンピュータの約4倍の性能が期待できます．

現在のコンピュータにおける階層的なキャッシュメモリは，図 6.25 に示すようにレジスタの次のレベルの記憶装置として数 KB の1次キャッシュメモリ，その下に数十 KB の2次キャッシュメモリ，さらにその下に数百 KB から数 MB の3次キャッシュメモリを置く構成となっています．

この時，1次キャッシュメモリでミスしたデータ参照要求は2次キャッシュメモリに送られ，そこでヒットすれば1次キャッシュメモリと CPU に必要なキャッシュラインと必要なワードが渡され，ミスすれば

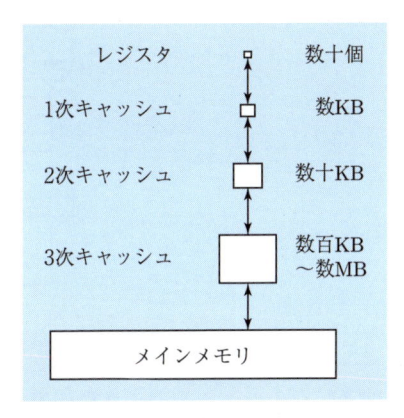

図 6.25 階層的なキャッシュメモリ

3次キャッシュメモリを参照します．3次キャッシュメモリでヒットすれば，2次キャッシュメモリ，1次キャッシュメモリと CPU に，それぞれ2次キャッシュメモリ用キャッシュライン，1次キャッシュメモリ用キャッシュラインと必要なワードが送られます．そして3次キャッシュメモリでミスした時のみメインメモリの参照が行われます．図 6.26 はその手順を模式図にしたものです．上位のキャッシュメモリで保持しているキャッシュラインは，下位のキャッシュメモリでそれを含むキャッシュラインを必ず持つことに注目してください．階層的キャッシュメモリのこの性質を**インクルージョン属性**（包含属性）といいます．

これら階層的キャッシュメモリのマッピング方式は，例えば1次キャッシュメモリのウェイ数を1（ダイレクトマップ方式）とすることで最も迅速なデータ参照を可能とし，2次キャッシュメモリのウェイ数は2〜3程度，3次キャッシュメモリのウェイ数は3〜8としてメインメモリに近づくほどキャッシュヒット率が上がってメインメモリからのデータ転送のリスクを軽減するような構成が考えられます．

図 6.13 ではキャッシュメモリは CPU とシステムバスの間に設置されており，

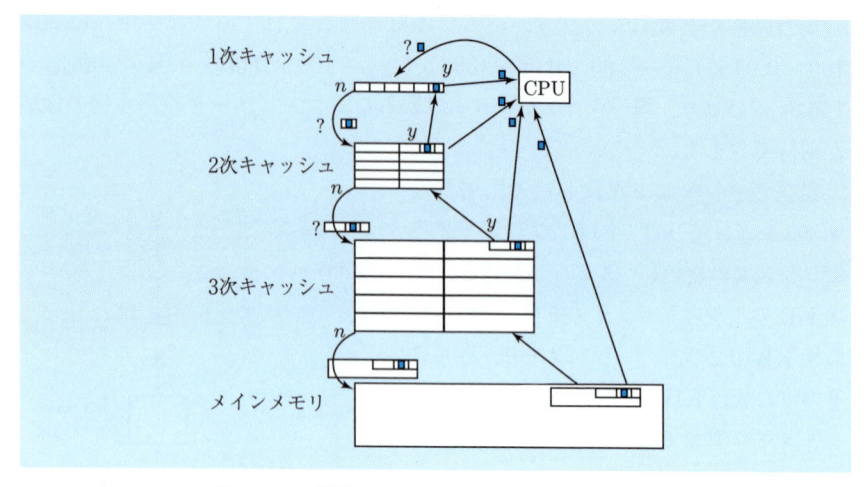

図 6.26　階層的キャッシュのリクエスト手順

独立したモジュールのような印象を与えます．第5章の5.8節で説明したように，RISC プロセッサではチップ内にキャッシュメモリを搭載する構成になっており，現在では階層的なキャッシュメモリは全てプロセッサ内に搭載するのが主流になっています．また21世紀に入ってからのプロセッサには複数のコア（CPU）を搭載するのがトレンドとなっており，図 6.27 で示すように各コア専用の1次キャッシュメモリと2次キャッシュメモリ，全てのコアで共有される3次キャッシュメモリという構成が増えています．このような構成では，1次ならびに2次キャッシュメモリにキャッシュコヒーレンス制御をする必要があります．キャッシュコヒーレンスとは，各コアにプライベートなローカルキャッシュメモリと全てのコアで共有される共有キャッシュメモリを持つ構成のプロセッサで発生しうる問題[†]のことです．

図 6.28 ではプロセッサ内の共有キャッシュメモリに変数 A, B が格納されていて，それぞれ値が 3, 5 となっています．これらの変数に対して複数のコアがアクセスを行うのですが，コア1では $B = A$ を，コア2では $A = 10$ を，コア4では $A = B + 3$ を実行しようとしています．この時，コア1, 2, 4 で命令が実行されるタイミングによって，A や B の値は全く違ったものになってし

[†]もともとは共有メモリ型並列計算機にローカルキャッシュメモリを付ける場合の問題でした．

6.6 キャッシュメモリの階層性

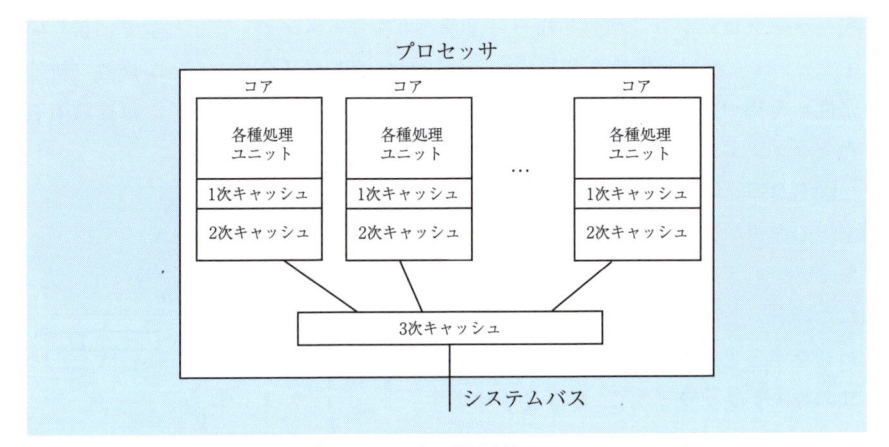

図 6.27 プロセッサ内の階層的キャッシュメモリ

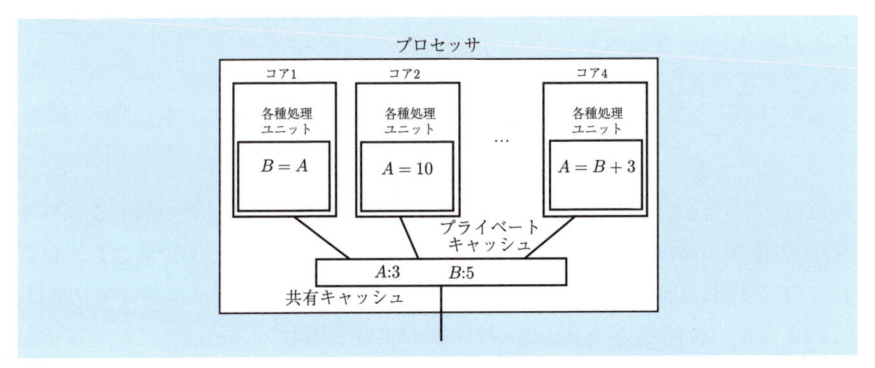

図 6.28 キャッシュコヒーレンス問題

まいます．キャッシュコヒーレンス制御とは，このような時に全体として矛盾しないようなしくみを与えるもので，古くから数多くの研究がなされてきましたが，本書の範囲外であるため，実際の制御方法については説明しません．

各階層のキャッシュメモリが全て同一チップ内に搭載されるならば，図 6.26 に示されるような 1 次キャッシュメモリ→ 2 次キャッシュメモリ→ 3 次キャッシュメモリという直観的に分かりやすいキャッシュミス時のデータ供給メカニズムは必ずしも必要でない場合もあります．

例えば 1 次から 3 次までの全てのキャッシュメモリでキャッシュミスを起こしてメインメモリからデータ供給を受ける場合，上記直観的に分かりやすい構

成（インクルージョン属性）ならば3次～1次キャッシュメモリと全てに新しいキャッシュラインが供給されます．これに対して**エクスクルージョン属性**（排他属性）を持つ階層的キャッシュメモリでは，任意のキャッシュラインは複数階層のキャッシュメモリに存在することができません．

図 6.29 ではその例を示しています．まず空のキャッシュラインがない状態の1次キャッシュメモリでキャッシュミスを起こした場合，2次キャッシュメモリに問い合わせをすると同時に，1次キャッシュメモリのキャッシュライン x を退避させます．x を退避させることで空いたキャッシュラインに目的とするキャッシュラインを取り込むわけですが，普通のキャッシュリプレースメントとは異なり，2次キャッシュメモリでヒットした（と仮定して）キャッシュラインは，2次キャッシュメモリでの自分の位置を明け渡し，1次キャッシュメモリで退避させられた1次キャッシュライン x の位置に格納されます．そして2次キャッシュメモリで明け渡された位置に，x が格納されます．エクスクルージョン属性を持つキャッシュメモリでは，このように上位階層のキャッシュラインが自分を犠牲（victim）にして下位階層に移動することから，**ビクティムキャッシュ**と呼ばれることもあります．

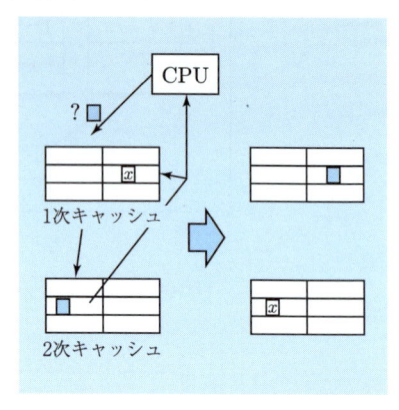

図 6.29　エクスクルージョン属性

インクルージョン属性を持つキャッシュメモリとエクスクルージョン属性を持つキャッシュメモリのどちらが優れているのかというのは難しい問題です．インクルージョン属性のキャッシュメモリでは，1次キャッシュメモリを含む複数の階層のキャッシュメモリでキャッシュミス時に，下位階層もしくはメインメモリからキャッシュラインを読み取り必要に応じてリプレースメントを行う必要がありますが，基本的にこれらの動作は平行して行うことが可能なため，キャッシュミス時のオーバヘッドはさほど問題になりません．これに対してエクスクルージョン属性のキャッシュメモリでは，上位キャッシュの犠牲となったキャッシュラインを読み込むという処理が必要で，これは場合によっては大きなオーバヘッドを引き起こします．つまり，処理の軽さという観点からはインクルー

ジョン属性の方が有利になります．一方，全体としてのキャッシュヒット率はエクスクルージョン属性のキャッシュメモリの方が優ります．なぜならば，インクルージョン属性のキャッシュメモリでは階層間で同じデータを多く持ちます．これに対してエクスクルージョン属性のキャッシュメモリでは，各階層とも全部異なるデータを持つわけですから，全体としてのキャッシュ容量が同じだとしても，実際に利用可能な容量はエクスクルーシブ属性のキャッシュメモリの方が大きくなるからです．従ってプロセッサを設計する時の目的と予算に応じてこれらキャッシュメモリの方式を決めることになり，これが最も良いと誰もが認める方式は現在のところ見当たりません．

コラム

キャッシュメモリのキャッシュは現金の cash ではなくて隠し場所を意味する cache です．英和辞典で cache を調べてみると，【名】隠したもの，隠してある貴重品，【他動】〔貴重品などを〕隠す，隠匿する，となっています．つまり貴重なメインメモリのデータを取ってきて，CPU がすぐに使えるように貯蔵しておく場所となるわけで，妙に納得する言葉です．

第6章の章末問題

問題1 右図は3ウェイセットアソシアティブ方式のキャッシュメモリとメインメモリを表している．キャッシュに全くデータが入っていなかった状態から，ブロック番号 8, 14, 10, 1, 11, 4, 9, 16, 7, 2, 21, 15 の順にアクセスがあった．

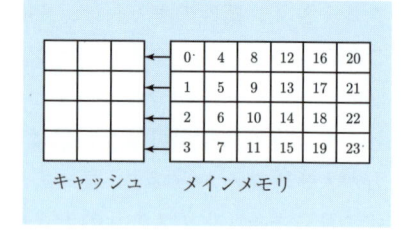

1) この時のキャッシュの内容を書け．ただし，ブロックは左側から順に詰めて入るものとする．

引き続きブロック番号 4, 9, 14, 20, 5, 6, 0, 5, 14 の順にアクセスが発生した．

2) キャッシュのリプレースメントが LRU で行われる場合，キャッシュヒット，キャッシュミスが何回発生したか？ アクセス終了後のキャッシュの内容を書け．

3) キャッシュのリプレースメントが FIFO で行われる場合，キャッシュヒット，キャッシュミスが何回発生したか？ アクセス終了後のキャッシュの内容を書け．

問題2 キャッシュメモリを含む現在の記憶装置では参照の時間的局所性と空間的局所性に着目した階層型記憶方式が広く使われているが，アプリケーションによっては参照の局所性が全く役に立たない場合がある．どのような問題に対して参照の局所性が成り立たないか調べてレポートせよ．

第7章
仮想記憶方式

　コンピュータでは普通，複数のプログラムが動いています．皆さんのパソコンでもおそらくWebブラウザでFacebookやTwitterをしながらメールを書いたり音楽を聴いたりしていることでしょう．現在でこそ1つのプロセッサの中に複数のCPU（コア）が配置されているのが当たり前になっていますが，21世紀になるまではプロセッサ＝1つのCPUでした．1つのCPUでどのように複数のプログラムを動かすかといいますと，非常に短い時間単位（数ミリ〜数十ミリ秒）でCPUに処理させるプログラムを切り替えて使うのです．そうすると各プログラムは見掛け上同時並行して動いているように見えます．このようなしくみのことをTSS（Time Sharing System）やマルチタスクというのですが，マルチタスクを実現するにはちょっとした工夫が必要です．
　本章ではコンピュータアーキテクチャとオペレーティングシステムの境界領域である仮想記憶についての説明を行います．マルチタスクは仮想記憶を使って可能になった処理形態なのですが，本章ではその実現方法について詳しく解説します．また仮想記憶の性能を改善するしくみとしてTLBというハードウェアについても説明します．

●本章の内容●
マルチタスク
仮想記憶方式
ページング方式
セグメンテーション方式
ページフレームの管理
TLB

7.1 マルチタスク

図7.1において，プログラムA〜Dが見掛け上同時並行的に動くとします．それぞれのプログラムは，自分だけがコンピュータを占有している前提で0番地から順にメモリを使うように作られています．この時，各プログラムのアドレスをそのプログラムが配置される実際のメインメモリのアドレスに変換する装置をつければマルチタスクが可能となるわけです．

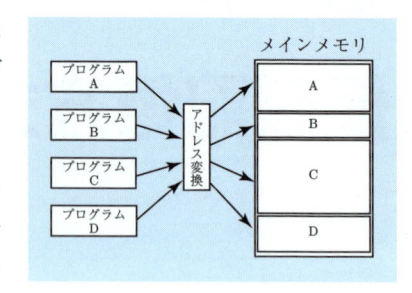

図7.1 マルチタスクとメインメモリ

プログラムサイズはB, D, A, Cの順に大きくなっているとします．中央のアドレス変換器は各プログラムの独自のアドレスをメインメモリ上の共通のアドレスに変換してくれます．ここでプログラムBが実行を終え，新たにプログラムEを実行したいのですが，図7.2(a)で示すようにEのプログラムサイズが大きすぎて実行できないとします．この時，実行中のプログラムA, C, DのうちプログラムCがあまり利用されていない状況だとすれば，図7.2(b)のようにプログラムCを補助記憶装置に退避させて，メインメモリの未使用領域を増やしてからプログラムEを実行することができます．

このように複数のプログラムを見かけ上同時並列に1つのCPUで実行させるマルチタスクを行うには，各プログラムに独立したメモリ空間[†]を持たせるとともに，そ

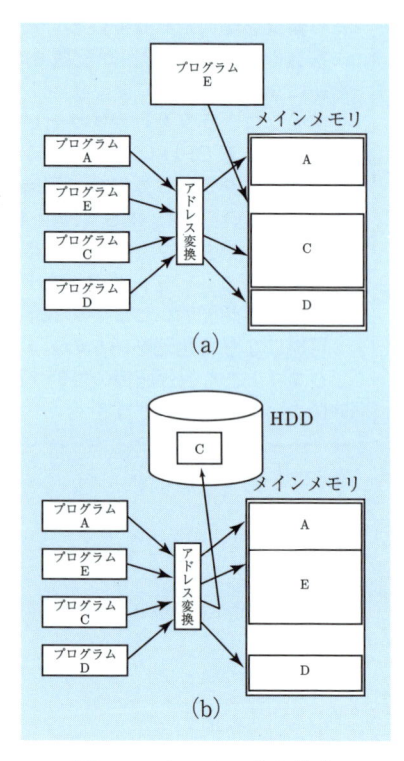

図7.2 タスクの入れ替え

[†] 第2章の2.5節で述べたようにアドレス空間とメモリ空間は同義語ですが，本章ではハードウェア的な意味の時はメモリ空間，ソフトウェア的な意味の時はアドレス空間と呼ぶことにします．

れらの独立したメモリ空間と実際のメインメモリとの間の**アドレス変換**が正しく行われ，メインメモリが足りない場合は HDD などの補助記憶装置を退避領域として使えることが必要となります．このような環境ではプログラムを書くのにコンピュータ全体のことを気にする必要がなく，個別のプログラムを自由に記述できるわけです．このメモリ管理のしくみのことを仮想記憶方式と呼びます．

7.2 仮想記憶方式

　仮想記憶方式において，各プログラムから見たメモリのことを**仮想メモリ**もしくは**論理メモリ**，実際のメインメモリのことを**物理メモリ**もしくは**実メモリ**と呼びます．複数ある仮想メモリ空間の総和は一般に物理メモリより大きくなるので，足りない分は HDD 上に特別なファイルで退避領域を確保しておき，そこに保存しておきます．図 7.3 にその概念図を示します．図中，仮

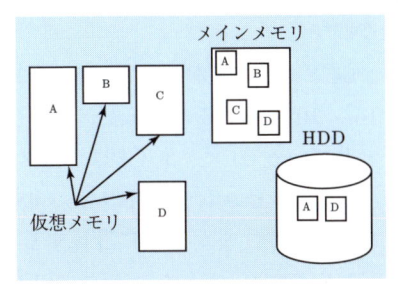

図 7.3　仮想記憶方式

想メモリ空間 A～D に対して，物理メモリ上に対応する実メモリ領域 A～D が割り振られています．プログラム A と D に関しては，サイズが大きすぎて物理メモリに格納できないため，HDD 上の退避領域にも割り当てられています．このような補助記憶上の実メモリの退避領域のことを**スワップファイル**（Linux）もしくは**ページファイル**（Windows）と呼び，物理メモリからスワップ（ページ）ファイルに退避することをスワップ（ページ）アウト，逆にスワップ（ページ）ファイルから物理メモリに復帰させることをスワップ（ページ）インといいます．

　ところで仮想記憶方式はマルチタスク以外に重要な役割がありました．32 ビット CPU が一般に普及してきた 1970 年代後半，汎用機やミニコンピュータの物理メモリの容量は数 MB 程度でした．当時の数 MB の物理メモリ空間に対して 32 ビットの仮想メモリ空間は 4 GB であり，実に千倍の容量差があったわけです．この時，例えば画像を扱うプログラムで 1000 × 1000 の整数型 2 次元配列を使うプログラムは，その配列だけで 4 MB を必要とします．そのようなプロ

グラムを仮想記憶を持たないコンピュータで走らせるのはとても難しかった[†]のですが，4 GB の仮想メモリ空間によってこのプログラムは問題なく実行できるようになったのです．即ち，仮想記憶方式を使うことで物理メモリより大きなプログラムを実行することができるようになったわけです．その頃はLSIの高密度化が加速する前でしたので，これだけ大きな仮想メモリ空間があれば未来永劫十分だと思われていたのですが，急激なLSIの高密度化により，あれよあれよという間に物理メモリの4 GB 実装が現実味をおびてきました．そこで1990年代初頭に登場したのが64ビットのCPUとそれに対応した仮想メモリ空間でした．

64ビットのCPUとは理論的には16 EB（$=16 \times 10^3$ PB $= 16 \times 10^6$ TB $= 16 \times 10^9$ GB）までの仮想メモリ空間を持つことができます．ただし，現在使われている64ビットCPUではスパコンなど大型機を除けば仮想メモリ空間の広さは40ビット（1 TB）から48ビット（256 TB）程度の実装が大部分を占めています．また1度に計算することのできるデータの大きさ（レジスタの容量）も64ビットとなります．32ビットCPUが登場した頃は40億の整数値が使えれば十分だと思われていましたが，64ビットCPUが登場してきた頃には32ビットでは不十分というアプリケーション分野が出てきたわけです．64ビット整数では900京（900 × 10000兆）の値まで使えるので，そのようなアプリケーションも概ね大丈夫と思われます．

次に仮想記憶方式を実現するのに必要なアドレスの変換方法について説明します．仮想記憶方式における仮想アドレスから物理アドレスに変換する手法には，**ページング方式**と**セグメンテーション方式**[††]の2種類があります．

ページング方式では図 7.4 で示すようにプログラムを走らせる時に生成される仮想アドレス空間を均

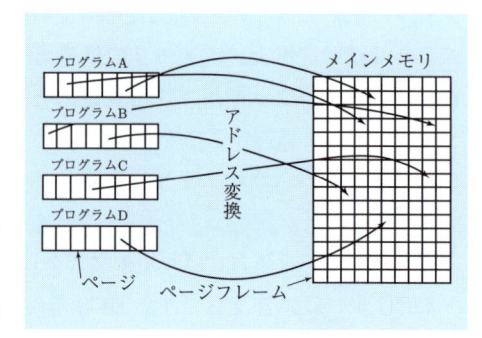

図 7.4 ページング方式

[†]オーバレイという特殊な方法を使います．

[††]セグメント方式と呼ぶこともあります．英語では memory segmentation となります．

7.2 仮想記憶方式

等に分割し，仮想アドレスから物理アドレスへの変換に用います．この分割する単位をページと呼び，1ページの大きさは数 KB から数 MB となっています．分割された仮想アドレス空間のページのことを**仮想ページ**，その番号のことを仮想ページ番号といいます．また物理メモリもページごとに分割されますが，分割された物理メモリ領域を**ページフレーム**といい，その番号のことをページフレーム番号といいます．

もう1つのページ変換方法であるセグメンテーション方式は図**7.5** のようにプログラムを**セグメント**と呼ばれる可変長の領域に分割し，その領域を物理メモリに割り当てます．各セグメントの決め方はその仮想アドレス空間における領域の属性により決定します．領域の属性とはプログラムコード領域，データ領域，ライブラリ関数領域，スタック領域などが一般的です．スタック領域とはプログラムの実行中に動的に使われる一時データをスタックというデータ構造で管理する場所で，例えば関数呼び出しを行う際に引数を保存したりする場合に使われます．仮想アドレス空間の各セグメントにはセグメント番号が割り振られており，物理アドレス空間のセグメントはその先頭の物理アドレス（ベースアドレス）で管理されます．

ページング方式であれセグメンテーション方式であれ，仮想記憶方式のコンピュータ上では複数のプログラム[†]が稼働し，それぞれのプログラムが独自の仮想メモリ空間を

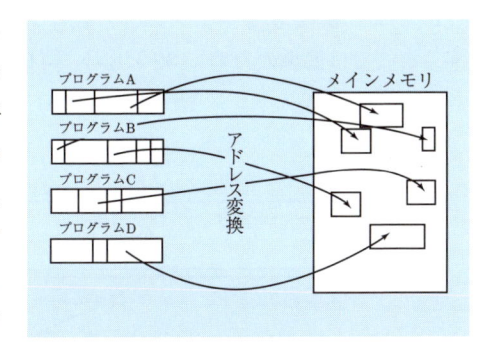

図 **7.5** セグメンテーション方式

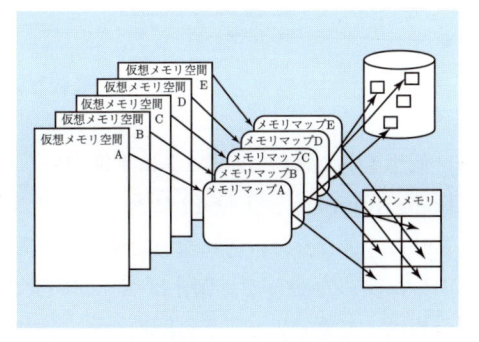

図 **7.6** 仮想メモリの空間の多重性

[†] プログラムが走っていて仮想メモリ空間を使っている状態のことをプロセスといいます．仮想記憶方式では多重プロセスが前提となります．

持って，ページング方式もしくはセグメンテーション方式のメモリマップを通して単一の物理メモリ空間とページ（スワップ）ファイルを使っています．図 7.6 にその概念図を示します．

7.3　ページング方式

図 7.7 に**直接写像**ページング方式によるアドレス変換の手順を示しています．ここでは簡単のために 32 ビット（4 GB）の仮想アドレス空間と 22 ビット（4 MB）の物理アドレス空間，12 ビット（4 KB）のページを前提とします．

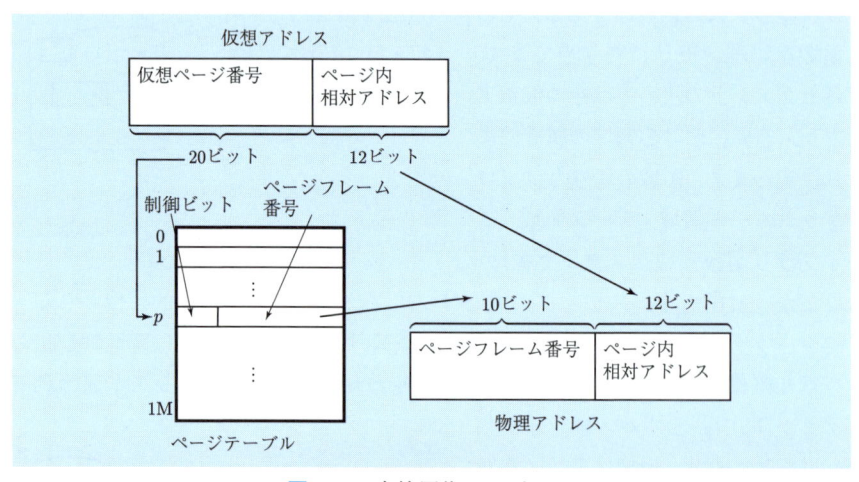

図 7.7　直接写像ページング

仮想アドレスの 32 ビットは上位 20 ビットに仮想ページ番号（VPN: Virtual Page Number），下位 12 ビットにページ内相対アドレスが格納されています．なぜこのような分け方になったかというと，各ページの大きさを 4 KB（12 ビット）に決めたからで，例えばページの大きさを 1 KB（10 ビット）に決めれば仮想ページ番号は 22 ビットに，ページ内相対アドレスは 10 ビットになります．一方，物理アドレスの 22 ビットは 10 ビット（1 KB）のページフレーム番号と，12 ビット（4 KB）のページ内相対アドレスで構成されます．仮想アドレスから物理アドレスに変換するために，**ページテーブル**という変換表を使うので

7.3 ページング方式

すが，これは 20 ビットの仮想ページ番号を縦列のエントリで引いて，そのエントリに格納されている 10 ビットのページフレーム番号を取り出し，仮想アドレスの下位 12 ビットのページ内相対アドレスを引っ付けて物理アドレスを生成するのです．

ページテーブルの各エントリにはページフレーム番号以外にページフレーム制御ビットがあります．この制御ビット部分については後ほど説明しますが，各エントリを 16 ビット（10 ビットのページフレーム番号と 6 ビットの制御ビット）とすると，この例ではページテーブルの大きさは 2 MB となります．現在のパソコンのメインメモリは既に GB 単位であることを考えると，ここで考えたページテーブルの大きさはシステムの性能に悪影響を与えるとは思えませんが，使われる CPU が 64 ビットの場合は少々事情が異なってきます．

現在の 64 ビット CPU の仮想アドレス空間の大きさは 40 ビットから 48 ビットくらいが多いのですが，例えば 48 ビットの仮想アドレス空間（256 TB）を持つ 64 ビット CPU の場合，ページの大きさを先ほどの例と同じように 4 KB とすると，仮想ページ番号は 36 ビット（64 GB）となり，ページテーブルの各エントリを 2 B としてもページテーブルの大きさは 128 GB で，数 GB しかメインメモリを搭載していないパソコンでは問題となります．ここで

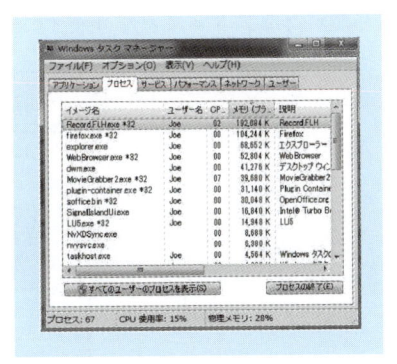

図 7.8 プログラムごとの仮想メモリ空間の大きさ

36 ビットのページテーブルエントリ数を考えてみましょう．256 TB の仮想メモリ空間というのは，最先端のスパコンならばともかく，我々が普通に使うパソコンでは到底使い切れない空間の広さといえるでしょう．例えばある 64 ビット CPU を持つパソコンのアプリケーションが実際に使っている仮想メモリ空間の大きさは，図 7.8 で示すように高々数百 MB 程度となっています．ページの大きさを 4 KB とすると，これらのアプリケーションが実際に使うページテーブルエントリは数十 K 程度であり，全体の 64 G エントリには程遠い値となっています．そこでページテーブルを階層的に組み立てて使うことで，実際には利用していない仮想アドレス部分空間はページテーブルエントリに反映させな

いようにすれば問題は解決されます．

図 7.9 はページテーブルを 2 階層に構成した**多重レベルページング**を表しています．この例では 48 ビットの仮想アドレス空間，4 GB のメインメモリ，ページサイズは 4 KB としています．48 ビットの仮想アドレスは 16 ビット（64 KB）の第 1 仮想ページ番号，20 ビット（1 MB）の第 2 仮想ページ番号，12 ビットのページ内相対アドレスに分かれています．第 1 仮想ページ番号は第 1 ページテーブルのエントリとなり，第 1 ページテーブルの各行には制御ビットと対応する第 2 ページテーブルのベースアドレスが格納されています．第 2 仮想ページ番号は，その第 2 ページテーブルのエントリとなり，第 2 ページテーブルの各行には制御ビットとページフレーム番号が格納されています．このページフレーム番号と仮想アドレス下位 12 ビットのページ内相対アドレスを引っ付けたものが物理アドレスとなります．

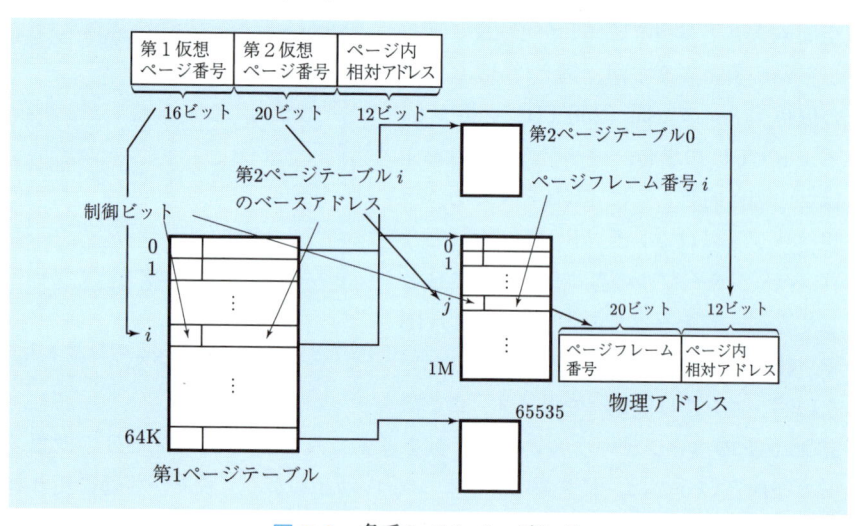

図 7.9　多重レベルページング

第 1 仮想ページ番号に対する第 1 ページテーブルは必ず 1 つ必要ですが，第 2 仮想ページ番号に対する第 2 ページテーブルは，最大 64 K エントリ必要となります．第 1 ページテーブルの大きさは 64 K エントリ × 数 B[†]なのでシステ

[†]各エントリに 48 ビットの仮想アドレスをそのまま載せても制御ビットと合わせて高々 10 B 程度です．

7.3 ページング方式

ム全体に対する影響はほとんどありません．これに対して第2ページテーブルの大きさは各エントリが20ビットのページフレーム番号[†]と制御ビットで構成されるため，1Mエントリ×数Bとなり，これら数MBの第2ページテーブルが64Kエントリもあればその総量は数百GBとなり，数GBのメインメモリしか搭載していないパソコンではやはり問題となります．一見すると単一の巨大な直接写像ページテーブルと同じように思えますが，実際には第2ページテーブルは必要になった時点で作られるのです．第2ページテーブルは1つで4GBの物理メモリ空間を制御します．図7.8で示すように普通のパソコンで走るプログラムは高々数百MBのメモリ空間しか必要としていないので，1つのプログラムを実行した時に作成される第2ページテーブルは数個（プログラムコード部分，データ部分，スタック領域部分など）で済むわけなのです．

多重レベルページングよりさらに効率の良い方法として，**連想写像**を使ったものがあります．ページング方式による仮想アドレスの変換は，基本的には与えられた仮想ページ番号をページフレーム番号に変換（写像）することであり，仮想アドレス空間がそれほど大きくなければ仮想ページ番号をインデックスとしてページフレーム番号を得る直接写像方式で十分なのですが，仮想アドレス空間が大きくなれば，それに伴いインデックスである仮想ページ番号も大きくなってしまい，ページテーブルのサイズがメインメモリより大きくなってしまうような現象が起こってしまうわけです．そこで多重レベルページングを適用して，本当に必要となる第2ページテーブルだけを使うことで，この問題は大きく改善されました．

この考えをさらに進めると，仮想ページ番号をインデックスとして引くページテーブルではなく，より数の少ないページフレーム番号をインデックスとして引く**ページフレームテーブル**を仮想アドレスの変換に使えないか？というアイデアに到達します．例えば仮想ページ番号100，125，305，83，508をそれぞれページフレーム番号1，2，3，4，5に変換する場合，ページテーブルを使うと図7.10(a)のようにページフレーム番号が配置されます．これに対して，ページフレームテーブルを使ったものが図7.10(b)になります．ページフレームテーブルの方がエントリは圧倒的に少ないので，こちらの方が断然効率が良いのですが，この方法には重大な問題があります．図7.10(b)のページフレー

[†]物理メモリ4GBに対しページサイズが4KBであるためです．

ムテーブルの状態で，仮想ページ番号125を変換する場合，テーブルの中味を順番に見て比較していかなければインデックスであるページフレーム番号3を得ることができません．これに対して図 7.10(a) のページテーブルでは仮想ページ番号125をインデックスとして即座にページフレーム番号3を得ることができます．そこで連想写像を使うことができればこの問題は解決することができます．連想写像とはある集合の特定の要素を指定するとあらかじめ定義されたその要素の属性を返す写像のことで，図 7.10 のページフレームテーブルではエントリ中の特定の仮想ページ番号を指定すると即座にインデックスであるページフレーム番号を返すものです．

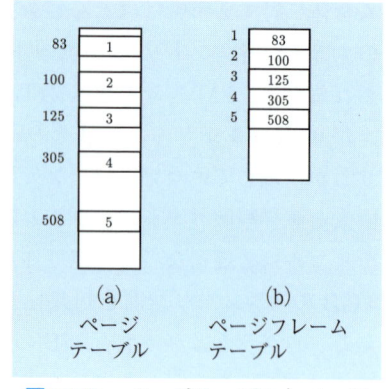

図 7.10　ページテーブルとページフレームテーブル

　図 7.11 は連想写像ページングの例を示しています．この例でも 48 ビットの仮想メモリ空間，4GB のメインメモリ（32 ビット），ページサイズ 4KB を仮定していて，与えられた 36 ビットの仮想ページ番号をページフレームテーブルの全エントリから検索して該当するインデックス，すなわちページフレーム番号を探し出します．この時，ページフレームテーブルの大きさは 1M エントリ × 数 B で多重レベルページングより圧倒的に効率が良いのですが，この方法を実際に実装するには，1M エントリの全ての要素を同時並列に比較する回路が必要となり，実装コストが極めて高く現実的ではありません．かといってこれらの比較を逐次的に行うと処理時間がかかりすぎて使い物になりません．そこでこのような連想写像ページングを実装する場合，ハッシュ関数による**疑似連想写像方式**を使います．ハッシュ関数とは，検索対象のデータを一定の規則に従ってハッシュ値と呼ばれる値，例えば整数の剰余値に変換する関数で，そのハッシュ値を使うことで高速に検索を行うことができます．

　図 7.12 に図 7.11 をハッシュ関数を使った疑似連想写像ページングに置き換えた例を示します．ここでハッシュ関数として剰余演算を使うことにします．剰余を計算する時の割る数ですが，例えば 1,024 だと仮想ページ番号は同時に 1,024 種類しかエントリに格納できませんが，1M（ページフレーム数）だと全

7.3 ページング方式

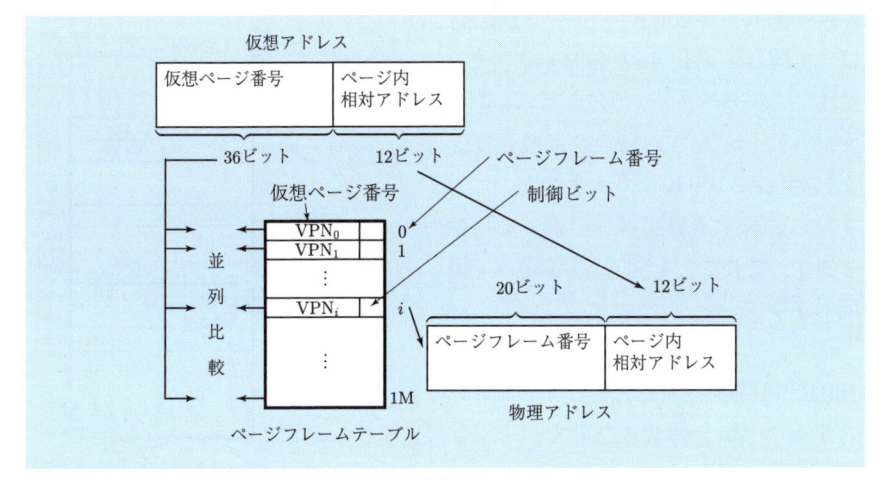

図 7.11 連想写像ページング

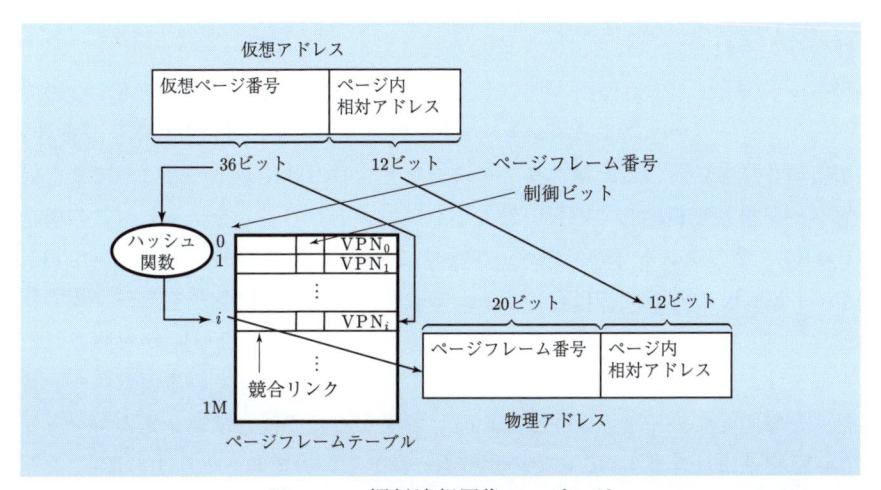

図 7.12 疑似連想写像ページング

てのページフレームを網羅できます．ところが 1M 個のページフレームだとメインメモリ 4 GB を全て使うことになり，そのようなプログラムは普通のパソコンでは滅多にないので，割る数はその 10 分の 1 の 100 K とします．100 K 個のページは物理メモリ 400 MB 分に相当するので普通のパソコンで実際に稼働する大きなプログラムのサイズに近いものとなります．この時仮想ページ番号

第 7 章 仮想記憶方式

$i, i+100\,\mathrm{K}, i+200\,\mathrm{K}, \cdots$ ($i < 100\,\mathrm{K}$) は全て同じエントリ i を参照してしまいます．これをハッシュの競合というのですが，競合が起きた場合には競合リンク[†]を張って $100\,\mathrm{K}$ より大きい別のエントリに競合する仮想ページ番号を格納します．このことを図 7.13 を使って説明します．

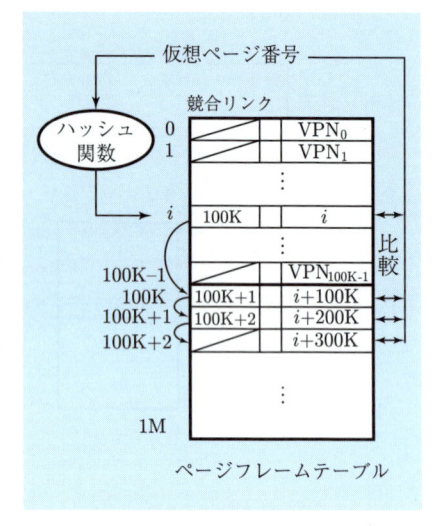

図 7.13　競合リンク

まず，初めて仮想ページ番号 i ($i < 100\,\mathrm{K}$) が参照されたとします．これに対するハッシュ値も i なのでページフレームテーブルのエントリ i に仮想ページ番号 i が格納されます．この時点では競合リンクは設定されません．次に仮想ページ番号 $i+100\,\mathrm{K}$ が参照されると，これに対するハッシュ値も i なのでページフレームテーブルのエントリ i を見に行きますが，既に仮想ページ番号 i が格納されているので，競合リンクにエントリの $100\,\mathrm{K}$ 以上のところでまだ仮想ページ番号を格納していない最も小さいエントリの番号を格納し（この場合 $100\,\mathrm{K}$），そのエントリの仮想ページ番号に $i+100\,\mathrm{K}$ を格納します．$i+200\,\mathrm{K}$ や $i+300\,\mathrm{K}$ の時も同様に行います．この時点のページフレームテーブルの状態を図 7.13 は示しています．ここで仮想ページ番号 $i+200\,\mathrm{K}$ が参照されたとします．ハッシュ値は i ですからエントリ i に格納されている仮想ページ番号 i と参照している $i+200\,\mathrm{K}$ を比較して異なるので競合リンク先のエントリ $100\,\mathrm{K}$ を見に行きます．ここでの比較も一致しないのでエントリ $100\,\mathrm{K}{+}1$ を見に行くと，ここで一致するので $100\,\mathrm{K}{+}1$ が求めるページフレーム番号となるわけです．

ハッシュ値が競合する場合は，このように競合リンクをたどりながら仮想ページ番号の比較を逐次的に行わなければならないので，ハッシュ関数を適切に設定しなければ性能の悪い疑似連想写像ページングとなってしまいます．しかし

[†]ハッシュ関数を使った探索において競合をこのように連結リストを作って解決する方法をチェイン法といいます．

ながらハッシュ関数が適切に設定されればオーバヘッドの少ないページ変換方式となります．

7.4 セグメンテーション方式

図 7.14 にセグメンテーション方式によるアドレス変換の手順を示しています．ここでも簡単のために 32 ビット（4 GB）の仮想アドレス空間と 22 ビット（4 MB）の物理アドレス空間を前提とします．仮想アドレスの 32 ビットは上位 16 ビットにセグメント番号，下位 16 ビットにセグメント内相対アドレスが格納されています．セグメント番号はセグメントテーブルに対するエントリ位置を示し，各行には制御ビットと

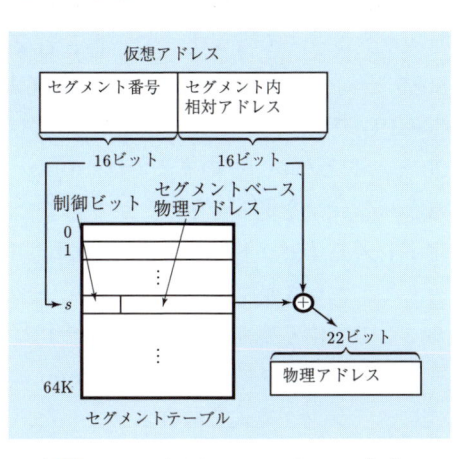

図 7.14 セグメンテーション方式

22 ビット（物理メモリの容量による）のセグメントベース物理アドレス（セグメントの開始位置の物理アドレス）が格納されています．該当するセグメントベース物理アドレスとセグメント内相対アドレスの和が目的の物理アドレスとなります．セグメント内相対アドレスはページング方式のページ内オフセットとは異なるところに注意してください．ページング方式では仮想ページ番号を指定するため，ページでアライメント[†]したアドレスを使うのに対し，セグメンテーション方式ではセグメントの開始位置にはアライメントの制約がない[††]ため，相対アドレスを足してやらなければならないのです．

ページング方式に対するセグメンテーション方式の最大の特徴は固定長のページに対する可変長のセグメントにあります．ページング方式のページは機械的に均等に区切られたメモリ領域であるのに対し，セグメントの大きさはそのメ

[†]ページサイズが NB とすると，N の倍数のアドレスに調整（alignment）します．
[††]セグメンテーション方式としての制約がないだけであって，実際には何らかの制約があることが多いです．

モリ領域の属性によって決まります．属性にはプログラムコード，データ領域やスタック領域があり，プログラム構造を活かしたアドレス変換をもたらしますが，その反面2つのセグメントに挟まれた未使用のメモリ領域が多発するフラグメンテーションの問題も発生します．またセグメントの属性をうまく使うことで，セグメント保護やセグメントの共有なども可能となります．

　セグメンテーション方式で一番有名なのはインテル社が1978年に発売した8086というプロセッサでしょう．8086以前のパソコン用プロセッサは8ビットCPUであり，アドレス空間は16ビットでした．8086ではアドレス空間は20ビットとなり，そのままでは16ビットのアドレス空間を持つCPUのアプリケーションを走らせることができませんでした．8086では20ビットの仮想アドレスを4ビットのセグメント番号，16ビットのセグメント内相対アドレスとしてアドレス変換を行うのですが，その16ビットのセグメント空間を利用することで下位互換性を確保したのです．

　インテル社のプロセッサがPentiumに移行したとき，セグメンテーション方式にページング方式を融合させました．図7.15にその概要を示します．このセグメンテーション＋ページング方式では与えられた仮想アドレスの上位にあるセグメント番号とセグメントテーブルから32ビットのセグメントベース仮想

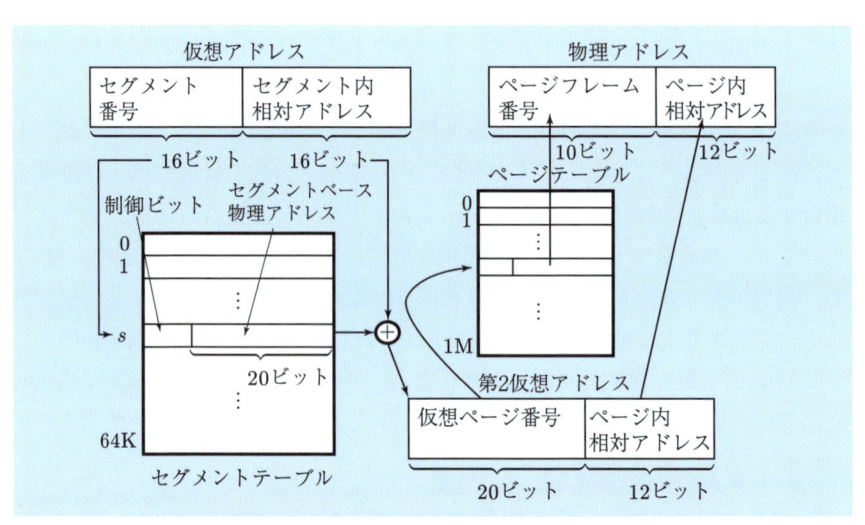

図7.15　セグメンテーション方式とページング方式の融合

アドレスを得て，それに仮想アドレスの下位にある 16 ビットのセグメント内相対アドレスを足すことで第 2 仮想アドレスを得ます．第 2 仮想アドレスは直接写像ページング方式で 22 ビットの物理アドレスに変換されます．

ページング方式とセグメンテーション方式のどちらが優れているかというのはよく議論になるところです．ページング方式は固定長のページ単位でメモリ管理を行うため，物理メモリの利用効率が極めて良いのですが，セグメンテーション方式の場合は可変長のセグメント単位でメモリ管理を行うため，前述したようにフラグメンテーションの問題があって物理メモリの利用効率が悪いといわれています．ところがページング方式では機械的にページに分けるため，そのページ内のごく一部の仮想メモリしか使っていなくても，全て使っているものとして管理されてしまうのに対し，セグメンテーション方式ではプログラムが実際に使っている仮想メモリ空間領域のみをセグメントとするために，そのような問題は発生しません．

7.5 ページフレームの管理

前節まででマルチタスク環境における仮想アドレスと物理アドレスの対応付けについて理解してもらえたと思います．ページの変換手法がどうであれ，仮想アドレスを示すページ番号は物理アドレスを示すページフレーム番号に変換

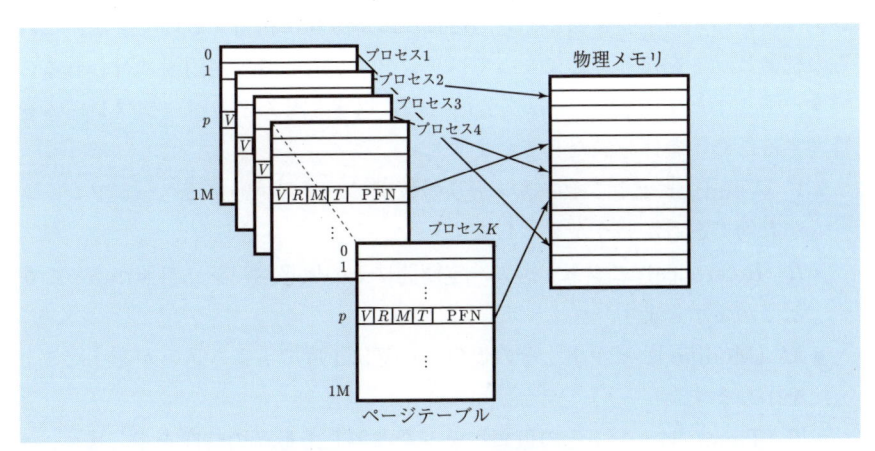

図 7.16　プロセスと物理メモリ

されるわけですが，これら複雑な変換手法に加えてページフレームをどのように管理するかという難しい問題があります．つまり，あるページフレームが稼働中のどのプログラムの仮想アドレスに対応しているかの把握です．一般にプログラムを起動したとき，OS はそのプログラム実行用に仮想アドレス空間を生成し，そのプログラムを実行している時の CPU の状態（例えばレジスタ）をプロセスコンテキストというデータ構造に格納します．これらプログラムの実行イメージ，仮想アドレス，プロセスコンテキストの 3 つを**プロセス**と呼びます．

図 7.16 では K 個のプロセスが独自のページテーブル（プロセスページテーブル）を持ち，それが物理メモリとどのように対応付けられているかを示しています．もしプロセスの数が 1 であれば，これはさほど難しい問題ではありません．複数のプロセスページテーブルからリンクされる物理メモリ上のページフレームが，現在どのような状態にあるかということをどのように知るかが難しいわけです．あるプロセスが新規にページフレームを獲得しようとした時，ページフレーム番号の何番が空いているかをどのようにして知るのでしょうか？あるいはページフレームに空きがない時，どのページフレームを追い出せばよいのでしょうか？あるいはそもそもページフレームの割り付けはいつ行われるのでしょうか？

本章で説明してきたページテーブルやセグメントテーブルのエントリに制御ビットというのがあって，これまで説明していませんでした．図 7.16 のページテーブルのエントリにある，V, R, M, T がそれに相当するのですが，これらの制御ビットを使うことによってページフレームの管理が円滑に行われるのです．図 7.16 の制御ビットは実装の一例に過ぎませんが，ページフレームを管理するための条件を満たしています．

- V（Valid）ビット：そのエントリの仮想ページに対応するページフレームが有効であるかどうかを示します．
- R（Reference）ビット：過去一定期間にその仮想ページに参照があったかどうかを示します．
- M（Modified）ビット：その仮想ページに 1 度でも書き込みがあったことを示します．
- T（Time）ビット：その仮想ページを参照した最新の時間を示します．

これらの制御ビットは各プロセスページテーブルのエントリごとにあり，ペー

7.5 ページフレームの管理

ジフレーム管理のために使われるのですが，当該プロセスは自分が使っている仮想ページに付いている制御ビットを直接知ることができません．勿論，他のプロセスの仮想ページの制御ビットも知ることができません．ではこの制御ビットは誰が使うのかというと，OS が使うのです．

仮想ページをページフレームに割り付けるのは OS が行う仕事です．この割り付けがいつ行われるかというと，仮想ページの要求があった時になります．つまり，プロセスがそれまで参照していなかった仮想ページでデータの読み書きや命令のロードを要求した時に OS が呼ばれ，OS が当該仮想ページと有効なページフレームの割り付けを行います．このように仮想ページが必要となった時に割り付ける方法を**デマンドページング**といいます．デマンドページング以外の割り付け方法にはプリページングがありますが，この方法を使うためには事前にいつどこの仮想ページを必要とするかという情報が必要になるので，非常に特殊な用途を除き，一般には利用されていません．またプロセスが要求した仮想ページに対応するページフレームを OS が用意することを**ページフォールト**と呼びます．

ページフォールトが発生した時，OS はどのページフレームが仮想ページに割り当てられていないか把握している必要があります．図 7.17 は OS から見たプロセスとページフレームを表しています．各プロセスは自分が使っているページフレームの集合を持っており，それを**レジデンスセット**といいます．レジデンスセットには限界値が設定されていて，特定のプロセスがページフレームを過度に所有できないよう

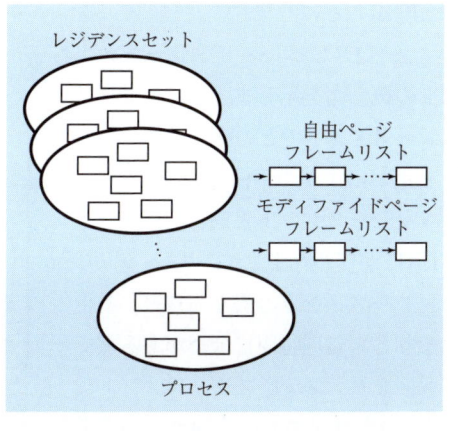

図 7.17　ページフレームの管理

になっています．レジデンスセットの限界値は，そのプロセスを実行するプログラムの種類によって変えるべきなのですが，多くの場合，システム全体で決めたデフォルト値が使われています．その値より極端に多くのページフレームを要するプログラムを走らせたり，あるいは極端に多くのプログラムを同時に

走らせた場合，ページフォールトを多発することになり，OS はその処理のためにユーザープロセスを十分に実行することができなくなってしまいます．このような状態のことを**スラッシング**といいます．

OS 自身を含むどのプロセスのレジデンスセットにも属さないページフレームは，自由ページフレームリストというリスト構造で OS によって管理されます．OS が新しく要求された仮想ページをページフレームに割り付ける際，この自由ページフレームリストからページフレームを取ってきて割り付けると共に，当該プロセスのレジデンスセットに当該ページフレームを加えます．

あるプロセスがレジデンスセット限界のページフレームを使っている時にページフォールトが発生したとします．この時には単に自由ページフレームリストからページフレームを取ってくるわけにはいきません．新たなページフレーム用に，当該レジデンスセットからページフレームを1つ追い出さなければなりません．これは第6章 6.5 節のセットアソシアティブキャッシュで，既存キャッシュラインのどれを追い出して新しいキャッシュラインを得るかというキャッシュリプレースメントと全く同じ問題であり，これをページリプレースメントと呼ぶことにします．

図 7.18 にページリプレースメントの概念図を示します．ページリプレースメントでどのページフレームを追い出すかの手法は，キャッシュリプレースメントと同様，FIFO や LRU が使われますが，キャッシュリプレースメントと異なる点は，多少なりとも処理時間に余裕がある点です．キャッシュリプレースメントはキャッシュメモリの高速性という大前提があるため，可能な限り短時間でリプレースメントを完了する必要

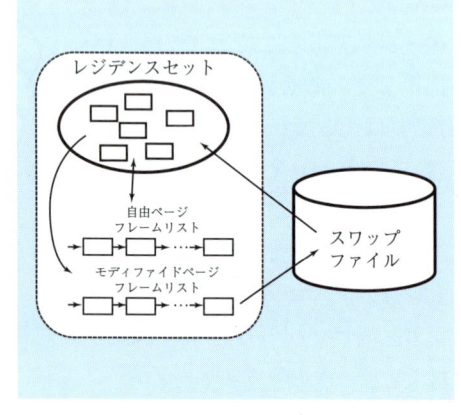

図 7.18　ページリプレースメント

がありました．しかしながらページフォールトに起因するページリプレースメントでは，OS が介在することもあり，時間制約を第一に考えるというより，いかに質の良いリプレースメントを行えるかという観点から実施されます．このよう

7.5 ページフレームの管理

な戦略を立てる理由の1つには，次節で説明するTLB (Traslation Look-aside Buffer) の存在があるわけです．

　ページリプレースメントが発生して，レジデンスセットから追い出されるページフレームに対するページテーブルエントリの M ビットが0である場合，当該ページフレームは自由ページフレームリストに加えられますが，M ビットが1である場合，当該ページフレームはモディファイドページフレームリストに加えられることになります．その後，追い出されたページフレームに代わって自由ページフレームリストからページフレームを獲得するわけですが，このような処理を続けていくと自由ページフレームリストが空になってしまいます．この時，モディファイドページフレームリストの一部もしくは全部をスワップ（ページ）ファイルに書き込み，バックアップを取ったページフレームをモディファイドページフレームリストから自由ページフレームリストに移すことでページリプレースメントの処理を続けることができます．これが7.2節で説明したスワップ（ページ）アウトに相当します．スワップアウトしたページフレームを示すページテーブルエントリの V ビットはこの時0になり，この仮想ページが参照されるとスワップファイルからページフレームを取ってくることになります．

　プロセスがある程度プログラムの実行を続けていくと，以前に参照したけれど既にページリプレースメントでレジデンスセットに存在しないページフレームを参照する場合が出てきます．この時，7.2節ではスワップインを行って，スワップ（ページ）ファイルからページフレームを得るように説明しましたが，実際にはページテーブルエントリの V ビットが1であるなら，自由ページフレームリストもしくはモディファイドページフレームリストから当該ページフレームを持ってきてページリプレースメントを行います．もし V ビットが0である場合，当該ページフレームを示すページテーブルエントリの M ビットが0であるならばプログラムの実行イメージから，1であるならばスワップファイルからページフレームをロードしなおします．なお，前者の場合，目的とするページフレームはプログラムコードかデマンドゼロページと呼ばれる特別なページフレームであり，後者の場合，スワップファイルのどの位置からロードするのかという問題があるのですが，本書の範囲外になりますので詳しくはOSの教科書を読んでください．

7.6 TLB

前章ではメモリ参照における局所性に着目した記憶装置の階層性について説明し，本章では仮想記憶方式について説明してきました．ここであるプロセスがメモリ参照を行う時，どのような手順でメモリ参照が実行されるかを復習してみましょう．

図 7.19 にその概要を示します．プロセスがメモリ参照を行う際，最初にキャッシュメモリが利用されます．そのキャッシュメモリも現在のコンピュータではプロセッサ内に実装された多階層のものが利用されます．この多階層のキャッシュメモリのどこかの階層でキャッシュヒットした場合，メモリ参照はチップ内で即座に実行されるわけですが，最下層のキャッシュでミスした場合はメインメモリに対するメモリ参照となってしまいます．プロセスの要求するメモリ参照は仮想アドレスで行われるのに対し，メインメモリへのメモリ参照は物理アドレスで行わなければなりません．その変換を行うのがページング方式やセグメンテーション方式によるアドレス変換なのですが，このアドレス変換を行う際に使われるページテーブルやセグメントテーブルはOSの管理下にあり，メインメモリ中に存在するのです．つまりメインメモリに対するメモリ参照を行うのに，実際のメモリ参照以前にアドレス変換のためにメインメモリを参照しなければならないのです．これではメインメモリに対するメモリ参照が2倍の時間を要するのと同じことになってしまいます．そこでアドレス変換を高速に行う必要が出てくるわけですが，ページング方式やセグメンテーション方式で高速化を図っても，結局メインメモリをアクセスしなければならないのなら問題の本質的な解決になりません．

このような背景から出てきたアイデアが，ページテーブルやセグメンテーションテーブルのアクセスもキャッシュメモリと同様に小規模な高速メモリを使って

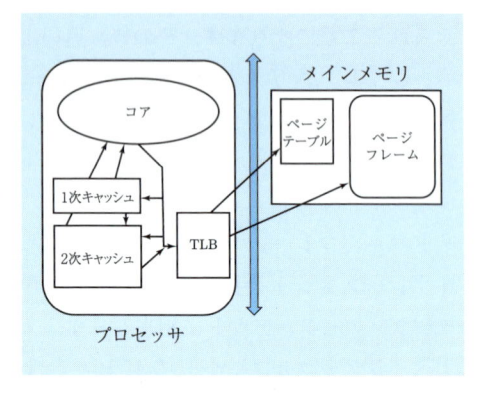

図 7.19 ページウォーキング

7.6 TLB

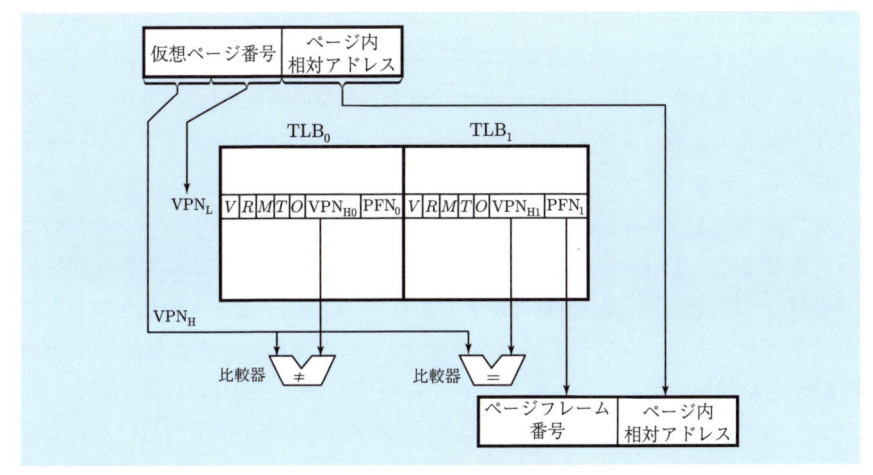

図 7.20 TLB の構成

高速化しようというものです．この高速メモリを TLB（Translation Look-aside Buffer）といいますが，TLB を使ってもページフレームを得ることができなかった場合，図 7.19 のようにページテーブルを見に行って該当する仮想ページを探し回らなければなりません．このことをページウォーキングと呼び，ページウォーキングしてページが見つからなければページフォールトとなります．

TLB はページテーブルやセグメンテーションテーブルのキャッシュとして使われる記憶装置で，仮想ページとページフレームの対応付けを記憶します．OS によって 1 度仮想ページにページフレームが割り付けられると，その割り付けは図 7.20 で示すような TLB に格納されます．

プロセスから要求される仮想アドレスは，仮想ページ番号とページ内相対アドレスに分けられていますが，TLB では仮想ページ番号をさらに上位の VPN_H と下位の VPN_L に分けて検索します．TLB はセットアソシアティブ方式のキャッシュメモリのように同じものが複数組使われることが多く，各 TLB_i のエントリにはページテーブルエントリで説明した制御ビット（V, R, M, T）の他に TLB 用の制御ビット（図 7.19 の例では O ビット）と仮想ページ番号の上位ビット VPN_{Hi} ならびに対応するページフレーム番号が格納されています．各 TLB_i の VPN_L 番目のエントリを走査して，そこに格納されている VPN_{Hi} が VPN_H と等しいかどうかを調べます．等しければ TLB ヒットであり，その TLB_i の

VPN_L 番目のエントリに格納されている PFN_i が要求された仮想アドレスに割り振られたページフレーム番号となり，ページ内相対アドレスと合わせて物理アドレスを得ます．どの TLB_i にも等しいものがない場合 TLB ミスとなり，仮想アドレスの変換はメインメモリにあるページテーブルやセグメントテーブルを使うことになります．

先に述べたように TLB はセットアソシアティブ方式のキャッシュメモリのように実装され，TLB_i の個数がウェイ数と同義になります．この場合 TLB_i の個数は 2^n $(2, 4, 8, \cdots)$ で，制御ビットである O (Order) ビットの長さは n となります．セットアソシアティブ方式のキャッシュと同様ということは，2^n 個の TLB_i を全部使い切ったエントリに新たに仮想ページを割り付けたい場合，リプレースメントが必要となり，リプレースメントを行うために LRU を行わなければなりません．詳細は本書では説明しませんが，制御ビット中の O ビットはこのようなリプレースメントを行うために使われます．

ところで TLB のエントリ数が数十個くらいの小さな TLB の場合，セットアソシアティブ方式ではなくフルアソシアティブ方式が使われます．この時，連想メモリという複雑な回路を使うのですが，エントリ数が多くなると連想メモリのハードウェア量が爆発的に増えてしまい十分なエントリ数を用意することは現在のプロセッサでも困難なのです．一方，TLB のエントリ数は当然のことながら多い方がヒットしやすくなります．このためキャッシュメモリと同様に TLB も階層的な構造として，連想メモリを使った小規模な TLB とセットアソシアティブ方式を使った比較的大規模な TLB の両方を 1 つのプロセッサに実装している例も最近では見られます．大規模な TLB が困難なもう 1 つの原因として，TLB はプロセスごとに内容が異なることがあげられます．つまり，プロセスの切り替えを行う時に，それまで TLB の内容を全て消去しなければならないのです．これは小規模な TLB では致命的な問題にはなりませんが，TLB が大規模になるに従い全体性能に与える影響がどんどん増えていくのです．この問題に対して，TLB のエントリにプロセスの ID も含めてプロセス全体で TLB を共有する手法も最近のプロセッサでは採用されています．

最後に図 7.19 では要求された仮想アドレスに対してキャッシュメモリを探した後，ヒットしなければ TLB でページフレームを探すように説明していますが，これはキャッシュメモリを仮想アドレスで引くという大前提があります．と

7.6 TLB

ころが実際のプロセッサでは，物理アドレスでキャッシュメモリを引くものもあります．この場合，最初に TLB を探してページフレーム番号を得てからキャッシュメモリを物理アドレスで引くことになります．このように TLB の構成は多種多様に渡りますが，どの構成を採用するかはそのプロセッサの価格と使用目的に応じて決まり，この方法が最適というのはありません．

> **コラム**
>
> TLB を直訳すると，「わき見してページ変換してくれるバッファ」になってしまって，何でこんな変な名前がついているのだろうと疑問に思います．Look 何とかというと，第 5 章で説明した桁上げ先見（carry look-ahead）が思い出されますが，これは意味としては妥当ですよね．なぜこのような名前がついたかというと，この語源は 1962 年に発表された L Bloom, M Cohen, S Porter の論文, "Considerations in the design of a computer with high logic-to-memory speed ratio" にあるようです．当時研究されていた命令パイプライン（5.5 節参照）では次に来る命令は先見（Look-ahead）できるので，Look-ahead メモリというのが提案され実際に商用機で使われつつあったのですが，これに対して Porter らはメモリ参照の局所性を主張し，時空間における近隣メモリをわき見して高速に獲得できる Look-aside メモリを提案しています．Look-aside メモリは連想メモリを使って実現できるとしていたのですが，その後ハードウェア量の制限のためなかなか連想記憶メモリは使われずキャッシュメモリではセットアソシアティブ方式が主流だったのですが，第 7 章でも説明したようにチップの集積化が大幅に進んだことで小規模な TLB として実際に使われるようになっています．ところで，当時広く知られていた Look-ahead メモリに対抗して Look-aside メモリというよく似た名前のメモリを提案したのは，研究者ならではの遊び心だと思います．

第 7 章の章末問題

問題 1　20 ビットの仮想アドレス空間（1 MB）と 16 ビットの物理アドレス空間（64 KB），12 ビットのページ（4 KB）を前提とした直接写像ページング方式によるアドレス変換を考える．以下の問いに答えよ．

1) ページテーブルのエントリ数はいくつか？ またページフレーム番号は 0 番から何番まで必要か？
2) 新しく作られた仮想アドレス空間で，上位 8 ビットの異なる仮想アドレスへのアクセスが発生すると，ページフレーム番号 0 番から順に確保されていくが，ページフレーム番号を全て使い果たした状態で，さらに上位 8 ビットの異なる仮想アドレスへのアクセスが発生した場合，どのような処理を行ってページフレームを確保するか？

問題 2　18 ビットの仮想アドレス空間と 16 ビットの物理アドレス空間，10 ビットのページによる直接写像ページング方式によるアドレス変換を考える．今，新しいプロセスが生成され，それに従い新しいページテーブルも作られたものとする．以下の問いに答えよ．

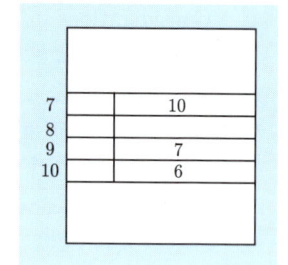

7	10
8	
9	7
10	6

1) 仮想アドレス空間，物理アドレス空間とページの大きさをそれぞれ求めよ．
2) ページテーブルのエントリ数とページフレーム数を求めよ．
3) 右図はページテーブルの一部である．ページテーブルがこの状態の時，
   (a)　0000101010101111000
   (b)　0000100010101111010

の仮想アドレス要求に対してどのようになるか答えよ．

第8章
バスと周辺機器

　本書ではここまで何回もバスという言葉が出てきていますが，バスとは何なのかという説明はほとんどありませんでした．本章ではコンピュータ内部のデータ通信路について概説した後，複数のデバイスで相互に通信を行うネットワークの解説をします．まず基本的なデータ通信路の構成について説明した後，さまざまな種類のネットワークについて触れます．そしてバスと呼ばれる単一のコンピュータ内で使われる代表的なネットワークの構成とその高速化について解説します．さらに周辺装置とCPUやメインメモリをどのように接続するかという方法を簡単に説明した後，割り込みの概念について軽く触れます．最後に最近注目を集めているシリアルバスについて概説します．

●本章の内容●
データ通信路
ネットワーク
バスの構成と高速化
割り込み
シリアルバス

8.1 データ通信路

トランジスタが発明されトランジスタラジオが商品になってから半世紀以上が経過しました．トランジスタを構成する半導体技術はこの間信じられないほどに進展し，現在の半導体集積度はわずか 1 cm^2 の面積に 10 億個ものトランジスタを並べることができるまでになっています．集積回路上のトランジスタ数密度は 1 年半で 2 倍になる，というのは**ムーアの法則**として広く知られていますが，図 8.1 で示されているように，インテル社のプロセッサのトランジスタ数がそれを証明しています．このような高集積度化の結果，マイクロコントローラと呼ばれる 1 つのチップにコンピュータシステムを丸ごと入れてしまった製品も広く利用されています．これに対して昔は例えば CPU を 1 つ構成するのにも複数のチップやボード，筐体が必要で，メインメモリ，補助記憶装置，入出力装置など，複数のモジュールでデータをやりとりする必要がありました．

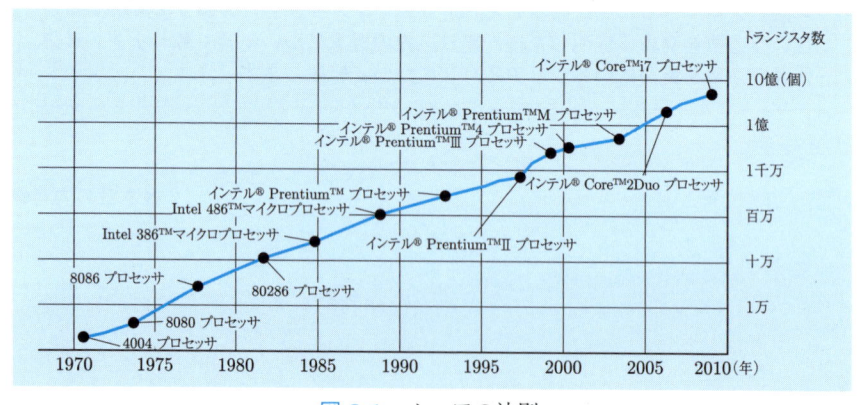

図 8.1　ムーアの法則

データ通信路とは，一般に複数のデバイス間で情報や電力を送受信するための媒体で，有線もしくは無線により実装されます．本書ではコンピュータの内部でデータの送受信のために複数のモジュール間に接続された通信回路のことをデータ通信路とします．1 つのコンピュータシステム内のデータ通信路には次のような形態が考えられます．

(a) 複数の筐体で構成されるシステムの筐体間のデータ通信を行うケーブル

8.1 データ通信路

(b) 単一筐体内で複数の基板で構成されるシステムの基板間のデータ通信を行うバックプレーン基板
(c) 単一基板で構成されるシステムのチップ間のデータ通信を行うバックプレーンバス
(d) 単一チップで構成されるシステムのチップ内通信を行うオンチップバス

図 8.2 は上記 4 形態を図示したものです．これは大雑把に言ってコンピュータの実装形態を時代に沿って示したものでもあり，(a) の形態は 1980 年頃までの[†]，(b) の形態は 1990 年頃までの，(c) の形態はそれ以後使われている形態で，現在では (d) のように 1 つのチップで複数のコアとメモリを有するシステムを提供する高機能なものもあります．バックプレーンとは複数の回路基板をコネクタによって接続する基板のことで，(c) ではマザーボードという基板に統合されてしまったと考えてください．そして (d) ではそのマザーボードも含めて 1 つのチップで構成されています．いずれの形態においても複数のモジュール間でどれくらい速く大量のデータを送受信できるかということが，データ通信路の性能の最も重要な尺度となりますが，その尺度の観点から上記形態を見てみましょう．

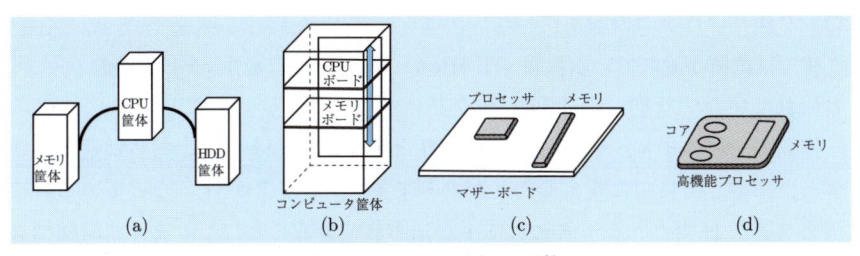

図 8.2　データ通信の形態

まず，データ通信の遅延時間は通信距離に比例します．例えば (a) のケーブルが 3 m だったとして，筐体間の通信遅延時間は 3 m / 30 万 km/s[††]，すなわち 1 億分の 1 秒となります．1 億分の 1 秒というと非常に短い遅延時間だと思うかもしれませんが，現在のプロセッサのクロックは数 GHz，すなわち 1 クロックあたり数十億分の 1 秒なのです．つまり 3 m のケーブル端子にデータを

[†] スパコンのように大規模なコンピュータは現在でもこの形態を取ります．
[††] 電流の速度は，ほぼ光速（30 万 km/s）と考えてよいでしょう．

与えてから反対側の端子に到達するまで，プロセッサは数十クロックも動いてしまうのです．これが (b) のボード間通信になると簡単のため距離を 30 cm として，プロセッサの数クロック分の遅延になり，(c) のボード内通信（3 cm とする）でようやく 1 クロック以内になります．つまりデータ通信の遅延時間を全く気にしなくていい形態は (d) の場合のみということになります．

ところでデータ通信路の能力は単位時間あたりのデータ転送量で規定されます．上記データ通信遅延時間は，データ通信路の入口にデータを与えてから出口にそのデータが到達するまでの時間のことであり，この遅延時間が長いからといって即座にデータ通信能力が劣るとは限りません．データ通信路における単位時間あたりのデータ転送量のことを**バンド幅**といって，このバンド幅の値の方が一般的にはデータ通信能力を表わすことが多いのです．

図 8.3 はデータ通信の基本を表しています．回路 A と回路 B の間でデータ通信を行うには，何らかの方法で両者の間で同期を取る必要があります．図 8.3 は同期式と呼ばれる方法で，これには**データ線**と**クロック線**という 2 つの線が使われ，クロック線では電流が流れている状態（H: High）と流れていない状態（L: Low）が交互に

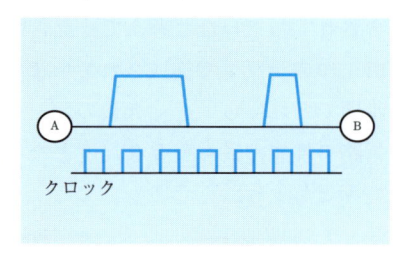

図 8.3　データ通信

一定間隔で続きます．データ線の方も H と L の状態があり，こちらは送りたいデータに応じて自由に変えることができます．クロックが H になっている時にデータ線が H だと，データとして 1 が送られていることになります．同様にクロックが H になっている時にデータ線が L だと 0 が送られていることになります．図 8.3 の例では回路 A から回路 B に 7 クロックで 0100110 が送られることになります．

クロックは一定の間隔で H になるのですが，1 秒間に H になる回数のことをクロック周波数といいます．また H になってから次の H になるまでの時間のことをクロック周期といいます．クロック周波数の単位は Hz（ヘルツ）で，現在は MHz や GHz の周波数が使われています．図 8.3 が 1 GHz のデータ通信路の場合，バンド幅は 1 G ビット/秒となります．バンド幅を増やすには，クロッ

8.1 データ通信路

ク周波数を上げるか，1クロックあたりに送受信するデータ量を増やす以外には方法がありません．図 8.3 のデータを送信している図では，H と L の切り替わりにある程度の時間がかかるように図示しています．実際にはこのように極端ではありませんが，トランジスタの集積度が低かった頃にはクロック周波数を上げるのが困難でした．

そこで図 8.4 のように，1本のクロック線に複数のデータ線を使って複数のデータを同時に送信することで，バンド幅を稼ぐ方法が使われるようになりました．

図 8.4 では複数のデータ線を上から順に走査して，回路 A から回路 B に 7 クロックで 0000 1101 1010 0110 0101 1001 0110 を送ります．この時のクロック周波数を 1 GHz とすると，バンド幅は 4 G ビット/秒となり，図 8.3 の例に比べてバンド幅は 4 倍になっています．

図 8.5 は回路 A から回路 B にデータを送信する際の，もう1つの同期方式を示しています．図 8.3 とは異なりクロック線がなく，1本の線でデータ通信と同期の両方を行います．ただし，これが接続されている両回路でクロック周期は同じである必要があります．例えば回路 A のクロック周波数が 1 GHz の場合，回路 B のクロック周波数も 1 GHz でなければなりません．このデータ通信路では，データ以外に制御

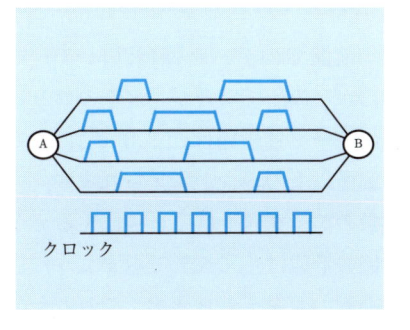

図 8.4 複数線によるデータ通信

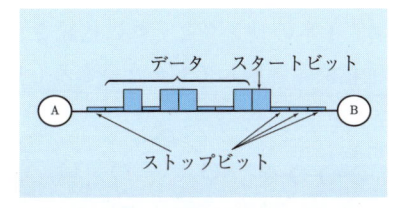

図 8.5 歩調同期データ通信

信号を送ります．制御信号には，スタートビット（H）とストップビット（L）の2種類があり，データ通信を行っていない場合は常にストップビットが送信されています．データ通信を始める場合，最初にスタートビットを送り，それに引き続いてあらかじめ指定されたビット数だけデータを送信し，ストップビットでデータ送信を終了します．図 8.5 の例では回路 A から回路 B に 1001 1010

の1バイトを送信しています．このデータ通信方法を歩調同期式といいます．

歩調同期式通信は同期式通信に比べ，ハードウェアのコストが小さいという利点がありますが，データ通信のたびにスタートビットとストップビットで制御する必要があるため，バンド幅が小さくなってしまうという欠点があります．コンピュータのバスとして使われるのは，現在では圧倒的に同期式が多くなっています．

8.2 ネットワーク

前節でのデータ通信路はデータ送受信口が2箇所でしたが，実際のコンピュータのデータ通信路は図 8.6 で示すように，3箇所以上の場合が考えられます．一般に多数のデータ送受信口を接続するデータ通信路の形態は，図 8.7 で示すようにさまざまなものが考えられます．このようなデータ通信路のことをネットワークと呼び，データ送受信口のことをノードと呼びます．また，隣接するノード間の部分的なデータ通信路のことをリンクと呼びます．1本のリンクとそれに接続された2個のノードが，前節で説明したデータ通信路と理解してもらえばよろしいでしょう．

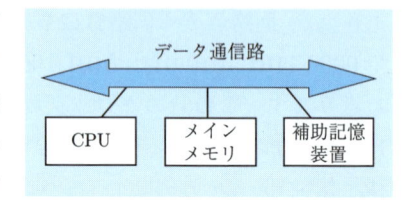

図 8.6　コンピュータのデータ通信路

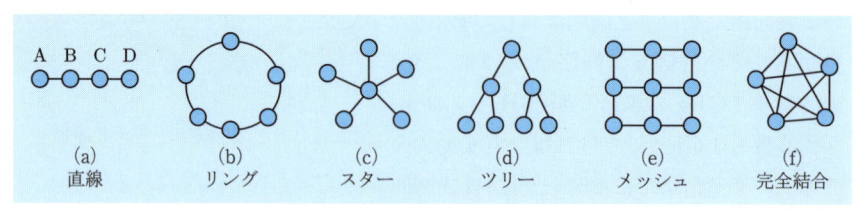

図 8.7　さまざまなネットワーク
(a) 直線　(b) リング　(c) スター　(d) ツリー　(e) メッシュ　(f) 完全結合

図 8.7(a) の直線型ネットワークで4個あるノードを左から A，B，C，D としましょう．A から C とか B から D のように，隣接しないノード間の通信では，隣接するノードを中継ノードとして通信を行います．この時，ノード間の距離を，中継ノードがいくつあるかで定義することができます．隣接する，すな

わち中継ノードが必要ないノード間は1ホップとします．一般にネットワークの任意のノード間において，その最短経路での中継ノード数に1を足したものをホップ数とします．直線型ネットワークのABとCDのように経路が重ならない通信は同時に行うことができます．これは他のネットワークでも同様です．

表 8.1 ネットワークトポロジの特徴

	直線	リング	スター	ツリー	メッシュ	完全結合
直径	$N-1$	$[N/2]$	2	$2(h-1)$	$2(r-1)$	1
次元	2	2	$N-1$	3	4	$N-1$
リンク	$N-1$	$N-1$	$N-1$	$N-1$	$2(N-r)$	$N(N-1)/2$
切断幅	1	2	$[N/2]$	1	r	$(N/2)^2$
対称性	No	Yes	No	No	No	Yes

直線型ネットワークで例えばリンクABが断線した場合，ノードAは孤立してしまいます．この時ノードAとノードDにリンクを張っていれば耐故障性が上がり，それがリング型となります．ノード数Nの直線型とリング型の違いは耐故障性以外にも最大ホップ数が$N-1$と$[N/2]$という違いがあります．これがスター型の場合はノード数にかかわらず2となるように，ネットワークの接続形態によってさまざまな特徴があります．表8.1は図8.7のさまざまなネットワークに対する特徴量を表しています．直径とはネットワーク内のノード間の最大ホップ数，次元とは1つのノードに接続する最大リンク数，リンク総数とはネットワーク内のリンクの総数，切断幅とはネットワークを半分に切り分けるのに必要な最小リンク切断数，対称性とはネットワークのどのノードから見ても同じ形に見えるかどうかを示します．このようなネットワークの接続形態のことをネットワークのトポロジと呼ぶことがあります．このトポロジとは位相幾何学でいうところのトポロジとは少々異なることに注意してください．

8.3　バスの構成と高速化

前節で説明したさまざまなネットワークはコンピュータ内部のみならず複数のコンピュータや各種デバイスを接続するのに使われます．1台のコンピュータ内部に使われるネットワークでは，図8.8に示すバス型ネットワークがよく使

われます．バス型ネットワークは前節で説明した直線型ネットワークによく似ていますが，前者はノードを複数のリンクで直線型に接続したものであるのに対し，後者は1本のリンクを複数のノードで共有するものです．前節のネットワークには複数ノード対でデータを同時に送受信できるものも

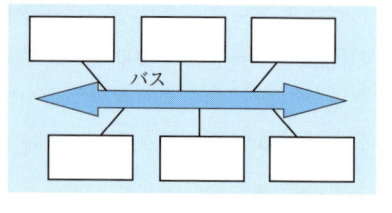

図 8.8　バス型ネットワーク

ありますが，バス型ネットワークでは1本のリンクを共有しているため，どこかのノード対がデータ送受信を行っている間は，他のノードは一切データ送受信をすることができません．また，バス型ネットワークではどのノード対でもホップ数は1となります．以後本書ではバス型ネットワークのことを単にバスと呼ぶことにします．

図 8.9 はバスの基本構成を示したものです．1本のバスに複数のデバイスが接続されていますが，バスと各デバイスの間には，外部信号によって他の2接続をオンにするかオフにするかを制御できる3状態素子という回路があります．例えばデバイスA，B，Cに接続している3状態素子の制御信号を(H,H,L)に設

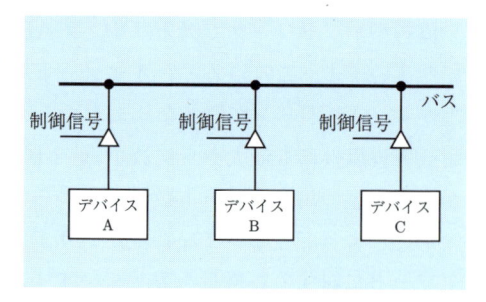

図 8.9　バスの制御

定すると，デバイスAとデバイスBはバスに接続され，デバイスCはバスに接続されなくなります．この時，デバイスAとBの間でデータの送受信ができるようになります．バスに接続されている任意のデバイスは，制御信号を正しく設定することで，バスに接続されている他のどのデバイスとも1対1[†]でデータ送受信を行うことができます．

複数のデバイスが1本のバスを介してデータ送受信を行う際，競合の問題は必ず発生します．一般にバスには**バスアービタ**と呼ばれる調停回路が付属していて，どのデバイスがどのデバイスにデータ送受信を行おうとしているかを把

[†]実は1対多でもできます．

握し，そのバスに接続されている全てのデバイスがデッドロック†やスタベーション††を起こさないように管理します．図 8.10 はバスアービタとバスを説明しています．デバイスからのデータ送受信リクエストが，まずバスアービタに送られます．バスアービタはあらかじめ与えられた割り振り方法を使って，どのデバイスを優先してデータ送受信権を与えるかを決定します．データ送受信権をバスアービタから与えられたデバイスは以後**マスターデバイス**となり，それ以外の**スレイブデバイス**とデータ送受信を行うことができます．データ送受信が終わればマスターデバイスはマスターの地位を返上し，バスアービタはリクエストの出ている他のデバイスをマスターにします．

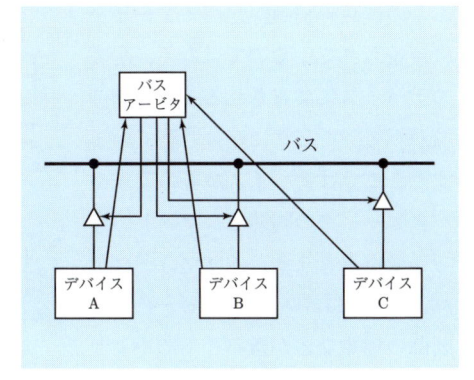

図 8.10　バスアービタ

　1 本のバスに接続している複数のデバイスでは，いかなる時にも複数のマスターは存在しません．しかしながら同時に複数のデバイスがマスターになりたいという要求をバスアービタに送信することはあります．複数のデバイスからデータ送受信要求がバスアービタに同時に届いた場合，あらかじめ定められた優先順位でマスターを決めたり，ラウンドロビンで順番に決めたりします．このようなバスの制御を行うためには，図 8.10 のデバイスとバスアービタの間の制御線はデバイスごとに複数使われるのが普通です．例えば，デバイスからバスアービタに送信要求を送る送信要求線，バスアービタからデバイスに受信可能かどうかを尋ねる受信要請線，受信要請されたデバイスが受信可能な時にバスアービタに受信 OK を送る受諾線の 3 本使うとすれば，バスに接続されているデバイス数の 3 倍の信号線がバスアービタに接続されることになり，これらは非常に高速に処理されなければならないので，接続されるデバイス数には限界があります．

　図 8.11 は一般的なバスの構成を示しています．ここでは上で述べたデバイス

---

　†互いに相手の仕事終了を待ってどちらも先に進めなくなった状態です．
　††データ待ちの状態がずっと続いて飢餓（starvation）状態に陥ってしまうことです．

ごとの複数の制御線がバスアービタに接続されているのではなく，全てのデバイスに共有される1本の制御線がバスアービタに接続されています．ここではデバイスからの要求やバスアービタの制御はコマンドの形で送受信されます．各コマンドはデバイスのIDやバスアービタのID，制御の種類などが数バイトのパケット[†]として使われます．制御線をバスアービタと全てのデバイスが共有することで，バスの調停を低コストで実装することができます．

図8.11にはこの制御線以外に**アドレス線**や**データ線**があります．データを送受信する場合，そのデータをどこに格納するか，あるいはそのデータをどこから取ってくるかを指定する必要があります．デバイスがメインメモリの場合はアドレスが，HDDなどの外部補助記憶装置の場合はトラック番号やセクタ番号などのアドレスに相当するものが必要になります．バスを使ってデータ送受信を行う記憶装置のうち最も高速なのはメインメモリですが，そのメインメモリでさえ，アドレスを指定してデータ転送要求を出してから実際のデータを送信できるようにな

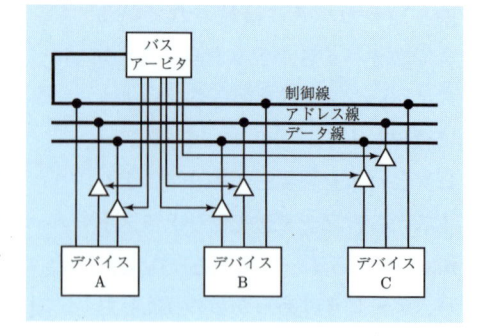

図8.11　バスの構成

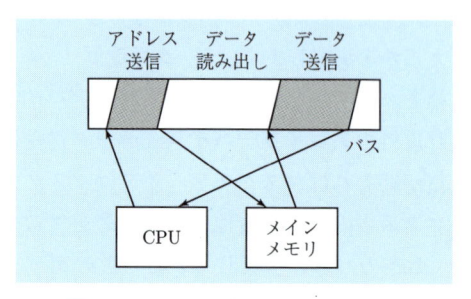

図8.12　データ転送におけるバスの空き

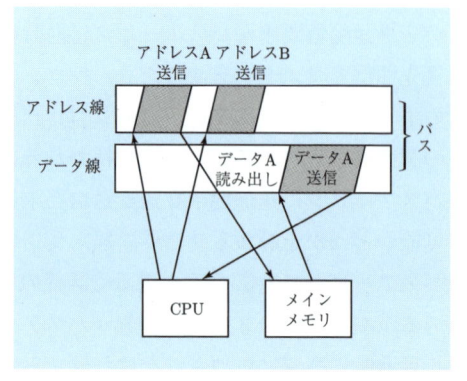

図8.13　アドレス線とデータ線を使った場合

[†] データ通信を行う際にデータをある程度のまとまった量ごとに，そのデータの情報（送信元や受信先など）も付けて送ることをパケット通信といい，その単位をパケットと呼びます．

るまで，かなりの遅延時間を必要とします．図 8.12 はアドレスの送信とデータの送信を同じ線で行う場合の概念図を示しています．バスは多くのデバイスが共有するものであるため，マスターデバイスがデータ送信要求（アドレス）をデバイスに送ってから，そのデバイスが実際にデータの送信を始めるまでの間，マスターデバイスは何も仕事ができません．またその間，バスは遊んでいることになります．図 8.12 では CPU がアドレス送信してから，メインメモリでのデータ読み出しの時間を無駄に消費して，データを受信しています．メインメモリでのデータ読み出し時間はバスが完全に無駄になっているところに注意してください．図 8.13 では図 8.11 のようにアドレス線とデータ線の 2 系統のデータ通信路を持つバスの場合を示しています．CPU からアドレス A に対する送信要求をアドレス線がメインメモリに送れば，データ A のデータ読み出しの間，CPU は別のアドレス B に対する送信要求を出すことができます．バスをこのように構成することで，スレイブデバイスでの遅延時間をバス全体で無駄にせずにすむわけです．

　図 8.11 ではアドレス線とデータ線が 1 本ずつしかないように見えますが，実際には 8.1 節で説明したように複数の線を使って構成されます．例えばアドレス線に 32 本，データ線に 64 本の信号線で構成されているバスは，1 クロックあたり 96 ビットの情報を送ることができます．このように 1 クロックで送ることのできる情報量のことを**バス幅**と呼びます．

　バス幅は当然大きければ大きいほどバンド幅も増えますが，信号線が多すぎると問題も起こります．図 8.14 ではバス幅が大きくなった結果，全ての信号線を同期させることが難しい様子を示しています．複数の信号線で構成される，つまりバス幅が 2 ビット以上のバスのことを**パラレルバス**と呼びますが，パラレルバスのバス幅が大きくなればなる

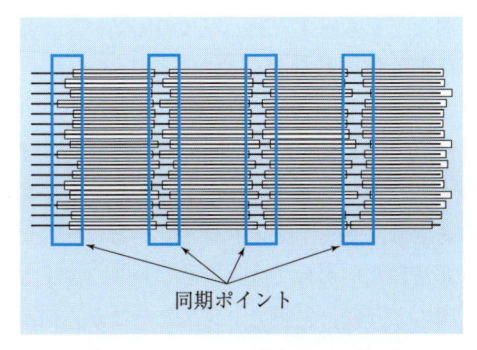

図 8.14　シリアルバスの問題点

ほどクロック周波数を上げることが難しくなってきます．これに対して信号線が 1 本だけで構成されるバス幅 1 ビットのバスのことを**シリアルバス**と呼びま

第 8 章　バスと周辺機器

す．クロック信号を高速に生成できなかった頃はバスのバンド幅を上げるにはバス幅を増やす以外に方法がなかったのですが，半導体の高密度化により高速なクロック信号を生成することが可能になってくると，図 8.15 に示すようにシリアルバスのバンド幅を上げることが容易になってきました．シリアルバスについては 8.5 節で説明します．

図 8.15　シリアルバスの高速化

　バスの理論的なバンド幅を上げるには，クロックを上げるかバス幅を増やすしかないわけですが，理論的なバンド幅は実際のバンド幅とは随分異なるものなのです．図 8.16 の上の図ではバスに対してアドレスの送信とデータの送信が繰り返されています．このバスの幅を 32 ビットとすると，32 ビットのデータを得るために 32 ビットのアドレスを送らなければならず，単純に考えるとデータ転送のバンド幅は半分になってしまいます．さらにデータの読み出し時間などを考慮すると，バスの実効バンド幅は理論値の数分の一になってしまいます．ところで第 6 章の 6.2 節で説明したように，データ参照には空間的局所性があります．つまり図 8.16 上の図にあるアドレス送信は，連続するアドレスである可能性が非常に高いわけです．ならば図 8.16 下の図のように，先頭アドレスとそこから何バイトのデータが必要かということを伝えてやって，以後はアドレスを送ることなく連

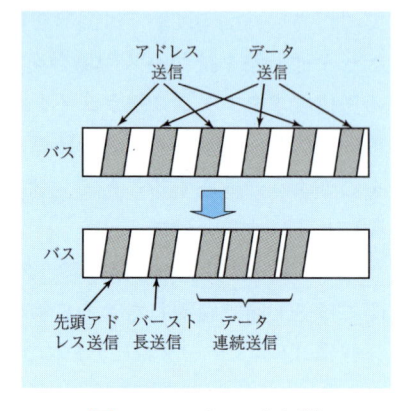

図 8.16　バースト転送

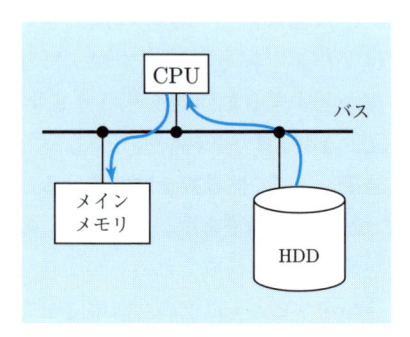

図 8.17　HDD からメモリへの転送

続してデータ送信を行えば，実効バンド幅は大幅に上がります．このようにデータ送信を高速化する手法のことを**バースト転送**といいます．そして連続してデー

8.3 バスの構成と高速化

タ送信を行う回数のことをバースト長といいます．一般に，バースト転送は連続するアドレスのデータ転送にしか使えません．連続しないアドレスにあるデータのバースト転送は本書の範囲外になります．

バースト転送はバースト長の回数のデータ転送命令を1つにまとめてバスを有効利用するものですが，非常に大量のデータ転送を行う場合，バースト転送の命令までも削減できないでしょうか？ 図 8.17 ではデータを HDD からメインメモリに転送する際の手順を示しています．まず CPU は HDD に I/O 要求[†]の命令を出して，データをレジスタに格納します．次に CPU はそのデータをメインメモリに書き込むための命令を出して，レジスタに格納されたデータをメインメモリに転送します．それぞれのデータ転送でバースト転送を使っても，CPU が命令を出す分，バスの実効バンド幅を下げてしまいます．

動画などの大量のデータを HDD からメモリに転送する場合，CPU をほとんど使わずに行うのが **DMA**（Direct Memory Access）です．図 8.18 に DMA の概略を示します．DMA では連続するデータ転送を，CPU を使わずにデバイス間で勝手に行わせます．ただし，転送する側に **DMA コントローラ** を置いてバスに対してバースト転送を行います．ここで注意することは，このバースト転送命令は CPU が出すのではなく，転送する側のデバイスにつけた DMA コントローラが出す点です．

図 8.19 に示すように，DMA の開始要求は CPU から DMA コントローラに対し

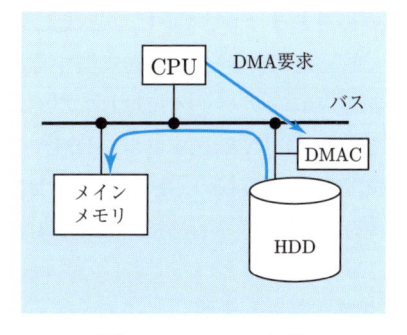

図 8.18　DMA 転送

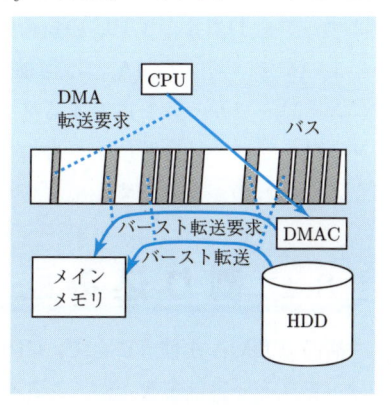

図 8.19　DMA 転送の手順

[†] 入出力（Input/Output）要求です．

て出されますが，CPU は以後 DMA の終了通知を DMA コントローラから受け取るまで，データ転送に関する仕事は何もしません．DMA コントローラは指定されたデバイスに対してバースト転送を繰り返します．指定されたデータを全て DMA 転送すれば，DMA コントローラは CPU に DMA 転送完了の通知を行い，最初の CPU からの DMA 要求は終了します．DMA コントローラが DMA 転送を行っている間，CPU は別の仕事をすることができます．ただし，別の仕事といっても，バスは DMA で占有されているのでバスを使わない計算に限られます．

　DMA を使わない普通のデータ転送では，CPU が転送命令を実行しなければならないので，大規模なデータ転送を行う際，CPU はそれに専念して他の仕事はできません．これに対して先に述べたように DMA を使う場合，DMA 転送中には CPU は別の仕事をすることができますが，バスは DMA コントローラが占有していますので，CPU はバスを使うことができません．バスを使わずにできる命令というのは，オペランドがレジスタかキャッシュメモリから取れるアドレス参照に限られてしまいます．プログラムで確実にキャッシュヒットするコードを書くことは一般には不可能[†]なので，DMA 転送中に実行して欲しいプログラムを苦労して書いても，1 箇所でもキャッシュミスが発生すれば，DMA 転送終了までメインメモリへのアクセス待ちになってしまいます．これではせっかく DMA で CPU の負荷を減らしても CPU の有効利用は限定されてしまいます．実は DMA には何種類かモードがあって，DMA 転送中は DMA コントローラがバスを占有するタイプ以外に，DMA 転送中定期的に DMA コントローラがバスを解放するものや，バスが空いている時だけ DMA 転送を行うようなものがあります．

8.4　割り込み

　前節で DMA を使うことで，CPU は大量のデータ転送中に他の仕事をすることができると書きましたが，これを一般化して考えると，CPU が何らかの入出力要求をデバイスに対して行った時，データ転送をデバイスに任せられるなら，

[†] プログラム中からキャッシュメモリを制御する研究はありますが実用化には至っていません．

8.4 割り込み

その間に CPU は別のプロセスを実行することができ，依頼したデータ転送が終了すれば元のプロセスに戻って計算を続けることができるといえます．図 8.20 にその概念図を示しています．プロセス A が I/O 要求を出した時，その要求が DMA として処理されるなら CPU はプロセス A の実行を棚上げしておいて，その代わりにプロセス B を実行します．デバイス側でデータ転送が終わった場合，終了通知が CPU に届けられ，プロセス B を実行していた CPU は I/O 要求を出した直後のプロセス A に実行を切り替えます．DMA を利用することで，大量のデータ転送を行っている間，CPU を有効利用できるようになったわけですが，I/O 要求が終了したことを CPU はどのようにして知ることができるのでしょうか？

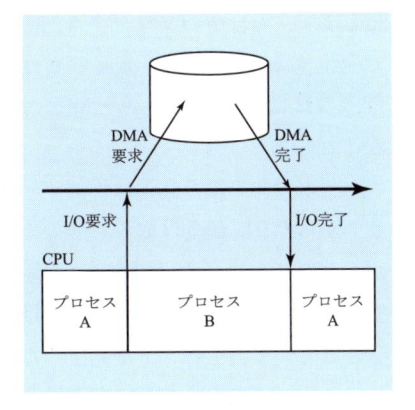

図 8.20 CPU の有効利用

CPU の実行中に何らかの**イベント**が発生した時，そのイベントの種類に応じて，CPU は現在の処理を中断してあらかじめ決められていた処理をすることができます．これを**割り込み**といいます．図 8.20 では I/O 要求・完了というイベントが発生したため，実行中のプロセスを切り替えるという処理が割り込みとして実施されています．コンピュータのイベントには，補助記憶装置への入出力要求やその完了通知，ハードウェアならびにソフトウェアの例外処理などのいつ発生するのか予測しにくい事象や，デバイス間の同期などがあります．割り込みを発生させる要因はこのように何種類かありますが，割り込みをどのようにして CPU に通知するかは 2 種類しかありません．

ハードウェア割り込みは外部のデバイスから CPU が受け取る割り込みであり，プログラムを実行中の CPU が非同期にそのイベントに応じた割り込み処理を強制されることから，外部割り込みと呼ばれることもあります．これに対してソフトウェア割り込みは CPU で実行中のプログラムに，**桁あふれ（オーバーフロー）**[†]などのプログラムの致命的なバグによって引き起こされる割り込みであり，多くの場合にはそのプロセスの実行を中断して OS が適切な後処理

[†]演算結果がそのデータ型の表せる最大値を超えてしまうことです．

をします．実行中のプログラム内部で発生する割り込みであることから，これは内部割り込みと呼ばれることもあります．

ハードウェア割り込みは外部デバイスから CPU が受け取るものですが，そのメカニズムは図 8.21 で示すようにバスに割り込み用の線が用意されていて，イベントが発生した時に各デバイスから CPU に直接割り込みを掛けることができるようになっています．ハードウェア割り込

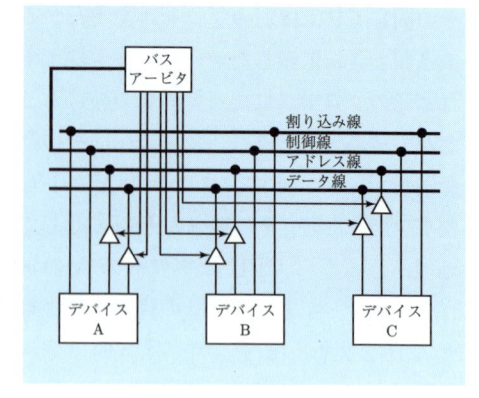

図 8.21 割り込み線

みのうち，外部デバイスからの入出力要求やその完了通知では，該当するデバイスから CPU に対して割り込み線を経由した信号が発行されます．CPU はその信号を受け取ると**割り込みハンドラ**と呼ばれるあらかじめ用意されている処理を実行します．多くの場合，実行中のプロセスを切り替えて CPU の利用効率を上げるようにします．あるいは動画や音楽などのストリーム処理をしている場合，デバイス間の同期を取る必要があるので，タイマーによる割り込みが該当するデバイスに対して発行され，処理が適切に行われるように補正されます．また電源断のように深刻なハードウェアのトラブルがあった際には最高レベルの優先順位でシステムの障害を避けるような処理がなされますが，これもハードウェア割り込みを使います．

ソフトウェア割り込みには，オーバーフロー以外にもアンダーフロー，ゼロ除算，アドレス計算のバグによるページ保護違反があり，これらは**例外**とも呼ばれています．プログラム実行時の例外発生にはハードウェアが使われることはほとんどなく，OS が当該プロセスを強制終了させたりデバッガを起動させたりします．またプログラムのバグ以外にもページフォールトは例外となり，7.5 節で説明した処理を OS が行います．

バスの割り込み線を使ったハードウェア割り込み以外にも，CPU がデバイスの状態を把握する方法があります．CPU が入出力要求をデバイスに発行して，デバイスからの処理完了信号を待つのではなく，CPU が定期的にその入出力が

8.5 シリアルバス

完了したかどうかを確かめる方法で，これを**ポーリング**といいます．ポーリングは特別なハードウェアがいらないため手軽に利用できますが，定期的にデバイスの完了を何度も確認するのは無駄が多く，CPU を有効利用できないという問題があります．

8.3 節で少し触れたシリアルバスですが，その代表的なものは現在皆さんがよく使っている **USB** になります．USB と聞くとすぐに図 8.22 のような USB メモリを連想してしまってバスとは関係ないと思うかもしれませんが，USB とは Universal Serial Bus の略記であり，バスの一種類なのです．USB メモリというのは USB というバスに接続するフラッシュメモリ（第 6 章の表 6.1 参照）を使ったドライブのことであり，USB Flash Drive というのが英語名なのですが，こちらの方が正確な名前といえるでしょう．その USB メモリですが，USB というバスに接続しているわけですから，同じ USB に CPU も接続しているのかというとそうではありません．第 2 章の図 2.12 では 1 本のバスに CPU，HDD，DVD からマウスやキーボードまで全て接続[†]されていましたが，現在のコンピュータではこのような構成をしていません．

図 8.22　USB メモリ

現在普通のパソコンでは図 8.23 のようなバスの構成を取っています．高クロック化・マルチコア化した CPU と大容量になったメインメモリは，できるだけ遅延なくデータ通信を行う必要があるため，**システムバス**[††]と呼ばれるパラレルバスで

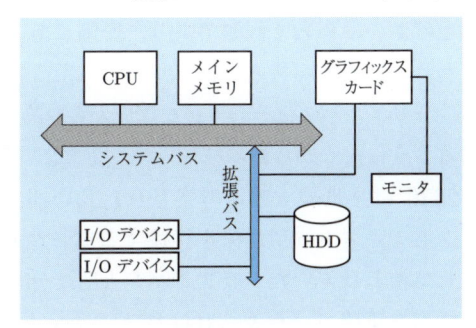

図 8.23　拡張バス

[†] 当時 DVD なんかなかったよという突っ込みは置いといて．
[††] フロントサイドバスとも呼ばれます．

直接接続されます．これに対してHDDやモニタ（グラフィックスカード），その他の入出力装置は拡張バスを介して接続されます．これらのデバイスは近年高速度化されているとはいえ，CPUやメインメモリほどデータ通信速度がシステム全体の性能に影響を与えるわけではないので，システムバスに接続された別のバスに接続されます．

拡張バスは少し前まではPCI（Peripheral Component Interconnect）バスと呼ばれるパラレルバスが主に使われていたのですが，1990年代中頃になってくると3次元コンピュータグラフィックスを生成するグラフィックスカードの性能が上がってきたため，図8.24で示すようにPCIバスとは独立した拡張バスであるAGP（Accelerated Graphics Port）バスがPCIバスと併用され，グラフィックスカードとシステムバスを接続するバスとして使われました．PCIバスはさまざまなデバイスに対応した拡張バスであるのに対し，AGPバスはグラフィックスカード専用のバスであるため，PCIバスに比べて高速化を実現できたのです．PCIもAGPもパラレルバスでしたが，8.3節で説明したようにパラレルバスのバンド幅を上げるのは極めて困難であり，安価にある程度の高速度化を達成するために使われた技術がバスのシリアル化でした．

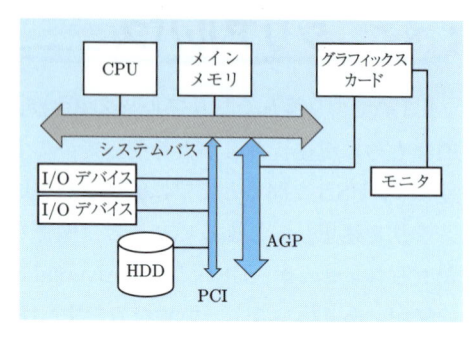

図8.24　PCIとAGP

シリアルバスはその単純な構成から容易に想像できるように古くからある技術です．図8.25で示すRS-232Cは半世紀も前に考案され，長い間コンピュータとテキスト専用端末を接続するデータ通信回線として使われていたシリアルバスとして知られていますが，正確にいうとこれはバスではなくノード数2の直線型ネットワークに分類されます．RS-232Cを代表とする昔のシリアルバスは，バンド幅が小さく，データ誤り率が高いため，CPUやメモリに接続され

図8.25　RS-232C

8.5 シリアルバス

ることはありませんでした．その後集積回路の密度が劇的に上がり，データ転送の誤り率を大幅に下げ，データにクロックを混在させるクロック埋め込み方式が開発されたことから，高速なシリアルバスというのが各方面で利用されるようになってきました．

PCI/AGP という拡張バスに代わって 2002 年に開発されたのが PCI Express (PCIe) というシリアルバスです．PCI ではバンド幅が 133 MB/秒（データ線 32 本で 33 MHz のクロック）だったのに対し，PCIe ではクロックが 2.5 GHz のシリアル通信で，そのバンド幅はデータ＋クロックで 2.5 G ビット/秒，データだけの理論バンド幅は約 250 MB/秒[†]となり，PCI の倍のバンド幅となりました．PCI がデータ線＋アドレス線で 60 本以上のパラレルバスであったのに対し，PCIe では上り下り各 2 本，合計 4 本のデータ線でこのバンド幅を達成したわけです．シリアルバスなのに 4 本ある理由は，PCIe では送受信専用にデータ通信路が 2 系統あるのと，それぞれの径路では誤り訂正のために 2 本の線を使っているからです．また，埋め込みクロック方式を使っているために，4 本であっても同期の問題が起きないのです．この 4 本の線のことをまとめて 1 レーンといいます．このため例えば 8 レーン使った PCIe では片方向 2 GB/秒 のバンド幅が確保されます．PCIe はその後 2007 年にバージョン 2 が 5 G ビット/秒，2010 年にバージョン 3 が 10 G ビット/秒と性能を上げており，例えばバージョン 3 の 32 レーンだとバンド幅は片道 32 GB/秒となります．

図 8.26 では拡張バスの PCI に代わって PCIe を配置していますが，PCIe も RS-232C 同様に正確にはバスではなく，ノード数 2 の直線型ネットワークとなります．ただ，システムバスに接続するところに PCIe へのスイッチを何個か持てるために，バスのように構成図を書くことができます．図 8.26 では，そのような考えから PCIe を拡張バス

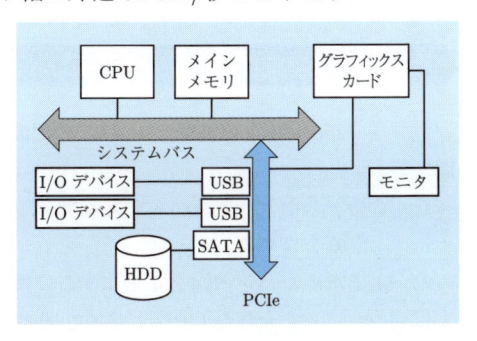

図 8.26　PCIe と USB，SATA

[†] 双方向だと 500 MB/秒です．

として，それに前述の USB と，HDD に接続する SATA（後述）というシリアル通信インタフェースを配置しています．

　USB は PCIe よりも数年前に開発されたシリアルバスですが，当初はバンド幅が 1.5 MB/秒と極めて遅く，外部記憶装置とのデータ通信路というよりは，キーボード・マウス・ジョイスティックなどのコンピュータの入力装置のためのインタフェースとして主に使われていました．この USB は PCIe が登場したころに USB2.0 になり，480 M ビット/秒のバンド幅を持つようになりました．データ通信の方法はほぼ PCIe と同様で，それに加えて電源も供給することから DVD やフラッシュメモリなどの外部記憶装置に対するインタフェースとして急速に普及し，2009 年に登場した USB3.0 ではバンド幅が 500 MB/秒と PCIe2.0 の 1 レーンと同等のものになっています．

　一方，HDD に対するインタフェースとしては，PCI の時代では ATA（Advanced Technology Attachment）というパラレルインタフェースが使われていたのですが，やはり PCIe が登場した頃にシリアル通信化した SATA（シリアル ATA）が使われるようになってきました．

　このように拡張バスはシリアル化が進み，ほとんどパラレルバスは使われることがなくなってしまいました．それに対して CPU とメインメモリを接続するシステムバスはパラレルバスのままかというと，最近になってこれもシリアル化が進んでいます．

第 8 章の章末問題

問題 1 256 ビットの情報を 1 MHz の周波数で動作するバスで送信したい．以下の問に答えよ．
1) このバスがシリアルバスである場合，送信するのに必要な時間と，その時のバンド幅を求めよ．
2) 上で求めたバンド幅を 4 倍にするにはどうすればよいか?

問題 2 バスを介した CPU とメモリ間の通常のデータ転送とバースト転送で実効バンド幅が大幅に違うのはなぜか説明せよ．また，バースト転送と DMA では何が違うか説明せよ．

問題 3 仮想記憶方式でプログラムを実行中，ページングが起こった場合の処理は OS が行うが，そのプログラムを実行しているプロセスから OS にどのようにして制御が移るのかを説明せよ．

第9章
性能予測

　本書では，コンピュータがどのように動くのかということから始めて，コンピュータの基本的な構成方法について説明してきました．コンピュータアーキテクチャというのは時代によってトレンドが異なり，開発しているメーカによっても同じ技術を違った名前で呼んだりして，学習する方からすると敷居の高い分野です．そして，せっかく学習した内容が他の研究分野で役に立つことがほとんどない，と一般に思われている研究分野です．本章ではコンピュータアーキテクチャの知識を利用できる技術として，性能見積あるいは性能予測と呼ばれる分野を簡潔かつ易しく紹介します．コンピュータの性能予測とかプログラムの実行性能見積という分野はなぜか我が国ではあまり活発ではなく，性能予測や性能見積に関する初心者用の日本語の教科書もほとんどありません．しかしながら，例えば官公庁の大規模なシステム（ハードウェアだけではなくソフトウェアも含まれます）調達に入札する際に，求められるシステムの性能を正しく予測できないようでは，落札することはほとんど無理でしょう．コンピュータの性能予測に関する知識がほんの少しでもあれば落札できたのに，という事例は結構あるのです．

●本章の内容●
闇夜のプログラム
プログラムの実行ステップ数を予測する
プログラムの実行性能を予測する

9.1 闇夜のプログラム

　最近のことなのですが，海外の大学で開発された解析プログラムを全く別の種類のデータに適用して結果を得る研究をしていた学生から相談を受けました．その学生は国内研究会発表を 3 週間前に控えて，ようやく解析プログラムの改良を終え，あとは膨大な数のデータに適用するだけという時点で，改良した解析プログラムの動作確認だけすると，一気に数百もの本番データの解析を始めてしまいました．普通はデータ 1 セットあたり処理時間がどれくらい必要で，全体の解析を終えるのにどれくらい時間を要するかを計算してから実験を始めます．そしてその相談内容とは，学会発表直前なのにプログラムの実行が終わる気配がないのだが，発表内容の変更はどの程度まで可能かというものでした．

　本番のデータ解析を行うとき，普通は現在何番目のデータを処理しているとかいう表示を行うようにスクリプト[†]に書くのですが，その学生はそのようなことを一切せず，本番データ群を指定して解析プログラムを起動し，プロンプトが返ってくるのをひたすら待つしかないという状況でした．そこでデータ 1 セットあたりの処理時間を聞いたのですが予想通り試していないと．ならば全体の処理がいつ終わるか分からず，極論すれば 3 週間後の研究会にも間に合うかどうかと．ところがその学生は筆者のいうことが理解できないらしく，予備実験ではすぐに終わったのですけど，という始末です．結局その学生の実験が終わったのは研究会が終了した後で，しかも最後の最後にプログラムのバグがあって，実験結果を得られなかったというオマケまでついていました．

　いつ終わるか全く分からないプログラムのことを，筆者は闇夜のプログラムと呼んでいます．自分の研究で新たに考案したアルゴリズムを実際にコーディングして実証実験する際に，その実行終了を待つ間というのは不安なものです．全く新しいアルゴリズムの開発では，与えられたデータに対していつどのような部分を実行するかということを，完全に把握しているわけではないので，多くの場合はプログラムの終了＝夜明けをひたすら待つしかないわけです．しかしながら既存のアルゴリズムを組み合わせてプログラムを作る場合，そのプロ

[†] スクリプト (script) は台本という意味を持つ単語で，Linux のシェルや Windows のコマンドプロンプトのように CUI (Character User Interface) でタスクの制御を行うのではなく簡易プログラムでタスク制御を行うものです．

グラムの挙動は事前に完全に把握しているため，わざわざ闇夜のプログラムにする必要はない，というのが本章で学んでもらいたいことなのです．

9.2　プログラムの実行ステップ数を予測する

　第1章の1.5節の前半で説明したようなコンピュータでは，高々数MIPSの性能しか出せなかったため，実際にコンピュータでプログラムを走らせる前に実行時間を予測するというのは，実にクリティカルな問題でした．例えば512×512の画像データに対する演算量は，画像各要素に1回だけ演算を適用したとしても，約25万回の演算が必要であり，この演算のみでも当時のコンピュータで数秒のCPU時間を必要としていました．従って実際の処理では簡単なものでも実行時間が数分数十分かかることはざらにありました．このようにプログラムの簡単な動作確認でさえある程度の時間を必要とする場合，その何百倍何千倍もの本番データを使って計算させる時，その計算に全部でどれくらい時間を必要とするかを知りたいと思うのは当然であり必然であったわけです．

　これに対し，現在のコンピュータは家庭で使われるパソコンでさえ数十GIPS（かつ数十GFLOPS）の性能があり，20年ほど前のコンピュータに比べて数万倍も処理が速くなっています．この20年の間にさまざまなアルゴリズムが提案され，自由に使えるライブラリやAPIが劇的に増えたことは事実ですが，プログラムの処理手順（プログラムのステップ数）自体は数千倍にも増え

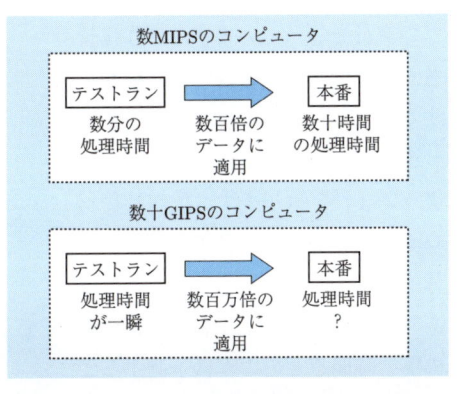

図 9.1　プログラムの動作確認と本番

るわけがありません．一方，プログラムを完成させた後の動作確認でのデータセットは，通常必要最低限の大きさのものを使いますから，昔も今も大差はないでしょう．つまり，昔ならば数十秒から数分で行っていたテストランが，現在のパソコンならば瞬時に終わってしまうことになります．それでは実際に使うデータセットの昔と今を比較した場合，やはりコンピュータの性能向上に従っ

て大規模化しています．20年前の高性能ワークステーションではメインメモリの大きさは数MBでしたが，現在のパソコンはマルチコアならば数十GBに達することもあるわけです．結局，コンピュータの処理速度は格段に向上したけれども，扱えるデータ量も同様に巨大化したため，プログラムの本稼動前の実行時間見積は必要だというわけです．ところがテストランが一瞬で終わってしまうと，その一瞬が0.1秒であろうと1マイクロ秒であろうと，人間は大差なく感じてしまいます．いずれの場合にも本番のデータは数百万倍大きいものを使うとすれば，前者と後者では処理時間は天と地ほど違います．図9.1に一連の流れをまとめます．

前置きが長くなりましたが，プログラムの実行時間を予測する方法について説明します．プログラムの実行時間予測を行うのに，プログラムのロジックを理解している必要はあまりありません．コンピュータ言語の種類にかかわらず，数値計算を行うプログラムでは，実行時間の99％以上がループの実行を行っています．これは皆さんがプログラムを書いた経験からすると，違和感があることでしょう．

図9.2に「とある数値計算のプログラム1」を示します．数値計算プログラムの典型的な例であって，具体的に何かの処理を示したものではありません．このようなプログラムの実行時間をどのように予測するかというのが本章の目標となります．このプログラム1では初期設定やパラメータ処理，データ入力といった数値計算に関係ない処理に引き続き，前処理，主要計算，後処理を経て結果出力を行っています．このプログラム1の総ステップ数を1,000

```
main()
{   変数宣言；
        :
    初期化等の処理
        :
    パラメータ設定など
        :
    for (i=0;i++;i<データ数)
            データ入力／作成

    for (y=0;y++;y<データサイズ)
        for (x=0;x++;x<データサイズ)
            データ前処理
        :
    for (t=0;t++;t<処理回数)
        for (i=0;i++;i<データ数)
            for (y=0;y++;y<データサイズ)
                for (x=0;x++;x<データサイズ)
                    主要計算
    for (y=0;y++;y<データサイズ)
        for (x=0;x++;x<データサイズ)
            データ後処理
        :
    for (i=0;i++;i<データ数)
            データ出力
}
```

図9.2　とある数値計算のプログラム1

9.2 プログラムの実行ステップ数を予測する

行として，図 9.3 にそれぞれの処理モジュールの行数とネストレベル†を示しています．ここで最初の初期化などの処理，パラメータ設定などで全体の 45%にあたる 450 行を使っているのが分かりますが，この 45%はプログラム 1 の総ステップ数に対する行数の割合であって，実行時間とはほとんど関係がないことに注意してください．実際，データ入力／作成とデータ出力部分はネストレベルが 1 であり，行数的には

	行数	ネストレベル
初期化等の処理	250 行	0
パラメータ設定など	200 行	0
データ入力／作成	150 行	1
データ前処理	100 行	2
主要計算	50 行	4
データ後処理	100 行	2
データ出力	150 行	1

1,000 行のプログラム

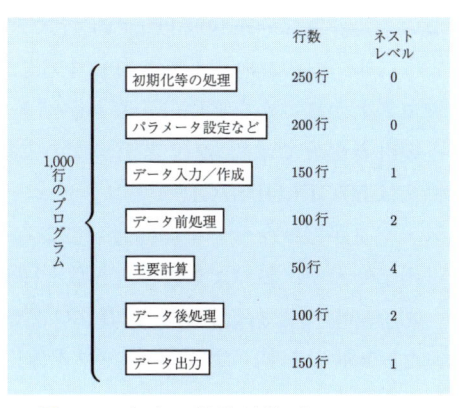

図 9.3 とある数値計算プログラム 1 の処理割合例

300 行と全体の 30%ですが，両モジュールとも「データ数」回の繰り返し処理を行っているため，実行ステップ数でいうと「300 × データ数」ステップの処理となります．さらにデータ前処理と後処理部分はプログラム 1 の行数でいうと合計 200 行と全体の 20%ですが，ネストレベルが 2 であり，データサイズの 2 乗回の繰り返し処理を行っているため，実行ステップ数は「200 × データサイズ × データサイズ」となってしまいます．そして主要計算部分はプログラム 1 の行数は 50 行と全体の 5%ですが，ネストレベルが 4 であり，実行ステップ数は「50 × データサイズ × データサイズ × データ数 × 処理回数」となってしまいます．ここで具体例として，データサイズ，データ数，処理回数を 1024, 100, 10 と考えて各モジュールの実行ステップ数割合を考えてみましょう．

表 9.1 で各モジュールのステップ数と実行ステップ数を比較しています．モジュールとして最も行数の少

表 9.1 とある数値計算プログラム 1 の行数と実行ステップの比較

	ステップ数	実行ステップ数
初期化	250	250
パラメータ設定	200	200
データ入力	150	15000
前処理	100	104857600
主要計算	50	52428800000
後処理	100	104857600
データ出力	150	15000

---

†多重ループにおける多重度です．単一のループの場合はネストレベルは 1 となります．

ない主要計算部分が99%以上の実行ステップ数を持つことが分かります．このようにループの繰り返し数を計算することで，プログラム中どの部分が最も計算コストが高いかを見つけることができます．とある数値計算プログラム1の主要計算部分では約52Gステップの実行を行うことになるのですが，これを例えば50 GFLOPS/GIPSのコンピュータで実行する場合，主要計算部分の1ステップが機械命令で平均何命令になるかの見積もりを出さなければ正確な値は出ませんが，おおよそ数秒から数十秒で実行できるということが分かります．

図9.4に「とある数値計算のプログラム2」を示します．ここではループ本体に関数が使われており，処理回数×データ数 の回数だけ関数function()を呼ぶことになります．そしてfunction()ではデータサイズ×データサイズの回数だけ主要計算を行っています．結局プログラム2はプログラム1と同じことをやっていて，実際，プログラム2のfunction()呼出し部分をfunction()の処理部分に置き換えるとプログラム1と同じものになってしまいます．このように関数呼出し部分をその関数の処理部分に置き換えることをインライン展開といいます．

```
main()
{   変数宣言;
       :
       :
    for (t=0;t++;t<処理回数)
        for (i=0;i++;i<データ数)
            function();
       :
       :
}

function()
{
    for (y=0;y++;y<データサイズ)
        for (x=0;x++;x<データサイズ)
            主要計算
}
```

図 9.4　とある数値計算のプログラム2

図9.5ではループボディにフィルター処理の計算を行うプログラムが示されています．このような処理のことをコンボリューション（たたみ込み積分）といって，例えば画像のエッジ抽出や平滑化などを行うのによく使われます．ここでこのコンボリューションの演算量を調べてみましょう．1回のコンボリューションについて乗算が9回，加算が8回，ループの繰り返し数は (データサイズ − 2) × (データサイズ − 2) なので，図9.5の演算総数は $17 \times (データサイズ − 2)^2$ となるかというとそうではありません．よく見ると配列のインデックスに $y-1$ とか $x+1$ とかがあります．配列のインデックス部の加減算は12回ありますのでコンボリューション1回あたりの演算数は29となります．第3章の3.5節では2次元配列をアクセスする

際のアドレス計算について触れましたが，図 9.5 の例で当てはめると，

&a[i][j] = &a[i][0] + j×4 = a + データサイズ×i×4 + j×4

となり，2次元配列1要素へのアクセスに対して2回の加算と3回の乗算が必要なことが分かります．1回のコンボリューションあたり2次元配列へのアクセスは19回あるので，この配列アクセスだけで95回の加算乗算が必要になります．従って，1回のコンボリューションあたり134回の加算乗算が必要なことが分かります．さらに正確にいうと，ループボディ1回の実行に対してループ変数の加算と条件判定が加わります．この条件判定は演算ではないので無視するとしても，図 9.5 の演算総数は $135 \times (データサイズ - 2)^2$ となってしまいます．

```
for (y=1;y++;y<データサイズ-1)
   for (x=1;x++;x<データサイズ-1)
      a[y][x] = a[y-1][x-1]*f[0][0] +  a[y-1][x]*f[0][1] + a[y-1][x+1]*f[0][2]
            + a[y][x-1]*f[1][0] + a[y][x]*f[1][1] + a[y][x+1]*f[1][2]
            + a[y+1][x-1]*f[2][0] + a[y+1][x]*f[2][1] + a[y+1][x+1]*f[2][2];
```

図 9.5　ループボディの演算量

図 9.6 ではループボディに条件分岐を含むプログラムの例を示しています．与えられた条件によって2つの関数のうちどちらかが実行されるわけですが，これら2つの関数の実行ステップ数が同じであれば図 9.6 の2重ループ部の演算総数は「関数の実行ステップ数 × 処理回数 × データ数」となります．しかしながら多くの場合，2つの関数の実行ステップ数はかなり違います．例えば function1() は function2() の数万倍実行ステップ数が多いとなると，どのようにして全体の演算総数を求めたらいいでしょうか？以下，いくつかのシナリオで考えてみます．

条件が静的に予測できる場合　まず，図 9.6 の2重ループ本体の条件部分は，ループ変数の t と i に依存する場合と依存し

```
main()
{   変数宣言;
     :
     :
   for (t=0;t++;t<処理回数)
      for (i=0;i++;i<データ数)
         if (条件)
            function1();
         else
            function2();
     :
     :
}
```

図 9.6　条件分岐を含むプログラム

ない場合に分けられます．後者の場合，図 9.6 の 2 重ループは図 9.7 のように変形できます．前者の場合，図 9.6 の 2 重ループ本体の条件部分は一般に $f(t,i) > 0$ を満たすかどうかという形になります．図 9.8 では，最も簡単な例として $f(t,i) = t - i$ の場合を示しています．図 9.8 の下側はループ変数を x 軸 y 軸としたイタレーション空間といいますが，与えられたイタレーション (t_k, i_k) がイタレーション空間内の直線 $t = i$ より上にある場合は function1() が，下にある場合は function2() が実行されます．つまり，function1() と function2() の実行回数は，このイタレーション空間の領域の面積を求めることで決定します．

このように条件が静的かつ単純に予測できる場合，性能予測は簡単なのですが，ループ変数を配列のインデックス変数として利用して条件式を作る場合，例えば $f(i,t) = $ a[i]$-$b[t] などの場合は単純に予測できません．この場合，配列 a[], b[] が 2 重ループの実行中に更新されないなら，静的に予測はできなくても 2 重ループの実行前に function1() と function2() の実行回数を知ることができます．図 9.9 では function1() と function2() を実行することなく，その実行回数を func1, func2 というカウンタで数えています．こうすることで計算の主要部分を実行することなく，実行時間の見積もりがある程度可

```
if (条件)
    for (t=0;t++;t<処理回数)
        for (i=0;i++;i<データ数)
            function1();
else
    for (t=0;t++;t<処理回数)
        for (i=0;i++;i<データ数)
            function2();
```

図 9.7 条件がループ変数と無関係の場合

```
for (t=0;t++;t<処理回数)
    for (i=0;i++;i<データ数)
        if (t>i)
            function1();
        else
            function2();
```

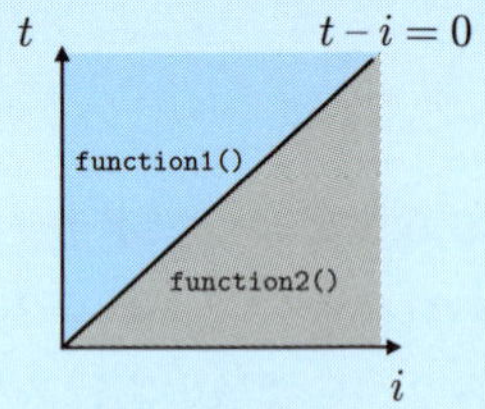

図 9.8 条件がループ変数に依存する場合

```
for (t=0;t++;t<処理回数)
    for (i=0;i++;i<データ数)
        if (a[i] > b[t])
            func1++;
        else
            func2++;
```

図 9.9 条件を事前に分析

能になります.問題は 2 重ループの実行中に配列 a[], b[] が更新されてしまうような場合です.

条件は一度実行してみないと分からない場合　一般に,ループのループ変数をインデックスとして使う配列が,そのループ本体内の条件分岐文の条件判定に使われる時,その配列自体が当該ループ実行中に値が更新される場合は,そのループの実行予測は極めて難しくなります.上の例でいえば,条件式 $f(i,t) = $ a[i]$-$b[t]> 0 の時,配列 a[], b[] がループの実行中に値が更新される場合です.この場合でも静的コード解析という方法を使って予測することはできるのですが,これは非常に難しいため簡単にはできません.そのため実際に 1 度実行して,条件判定を数えてやることにします.

図 9.10 で示すように,実際のプログラムに図 9.9 で導入したカウンタを入れてやり,実測を行います.このような実測のことを**プロファイル**といいます.ところがプロファイルを行うためにプログラムを 1 度全て走らさなければならないなら,性能予測を行う意味はあまりありませんね.実際のプロファイルを行う際には,プログラムの実行結果に影響を与えないような範囲でプログラムを変形させて,なるべく少ない

```
for (t=0;t++;t<処理回数)
    for (i=0;i++;i<データ数)
        if (a[i] > b[t])
        {   function1();
            func1++;
        }
        else
        {   function2();
            func2++;
        }
```

図 9.10　プロファイルの利用

計算量で条件判定の予測を行うのですが,そのプログラム変形手法[†]については本書の範囲外となります.

条件は実行ごとに変わる場合　プロファイルを取れば全ての性能予測が可能なように思えるかもしれません.しかしながら,主要計算部のループ中に条件分岐があって,その条件判定が実行ごとに異なる場合,プロファイルは完璧ではありません.例えば入力データによって条件判定が異なる場合や,乱数を使っている場合が考えられます.そのような場合,詳細な予測はできません.詳細な予測はできませんが,大雑把な見積もりなら何とかなります.部分的なプロファイルを何回か取って,統計的に条件判定の予測を行うのです.モンテカルロシミュレーションのように乱数を使うものはこの方法でかなり正確に判定で

[†]ループ交換,ループ融合やループ崩壊など,さまざまな専門的手法が知られています.

きますが，分散の大きい入力データセットを使う場合は見積もりが緩くなってしまいます．それでも全く性能見積をせずに大規模な計算を行うよりはましでしょう．

このようにして数値計算プログラムの実行ステップ数を予測することができるわけですが，実行ステップ数が見積もれても，そのプログラムを走らせるコンピュータの性能を知らなければ，プログラムの実行時間を予測することはできません．

9.3　プログラムの実行性能を予測する

前節では与えられたプログラムの実行ステップ数を予測する方法について解説しました．しかしながら，そのプログラムの実行時間はそれを実行するコンピュータの性能に大きく左右されてしまいます．例えば実行ステップ数10億のプログラムを，1 MIPSのコンピュータで実行する場合と，1 GIPSのコンピュータで実行する場合では，実行時間は1,000倍違うわけです．本節では，与えられたコンピュータの性能予測について簡単に説明した後，プログラムの実行効率について説明します．

コンピュータの性能といえば，プロセッサの性能が最初に考慮すべきことでしょう．プロセッサの性能はそのクロック周波数をまず見ます．第5章で解説したように，現在のCPUは命令パイプラインの機能を有しており，多くの場合1クロックで1命令を実行することができます．またSSE (Streaming SIMD Extension) と呼ばれる技術では，複数の演算を同時に実行させることができます．さらに最近のプロセッサはマルチコアが普通になっていますので，例えばクロック3 GHzのシングルコアのプロセッサに比べて，図9.11で示される3 GHzのクアッドコア（4コア）ならば，理論的には4倍の性能を出すことが可能になります．この時，SSEで4演算を同時に実行できるなら，4[演算/

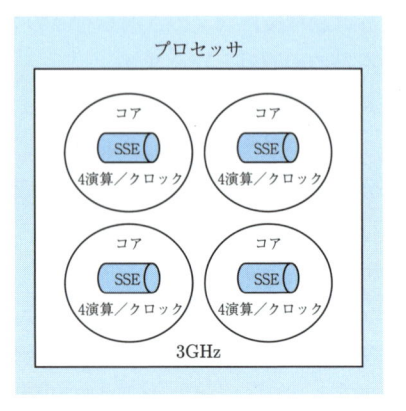

図 9.11　プロセッサの例

9.3 プログラムの実行性能を予測する

クロック]×3[GHz]×4[コア]と性能を見積もれるので，1秒間に48G命令の理論性能となります．

　それでは図9.11のプロセッサを使って皆さんの書いた実行ステップ数48Gの数値計算プログラムを実行した時，1秒で実行できるでしょうか？ 残念ながらできません．このプロセッサは4つのコアで構成されていますが，皆さんが普通に書いたプログラムでは，4つのコア全てを同時に使うことができません．また，SSEで複数の演算を同時に実行もできません．これらを有効利用するには特別なプログラミングが必要になるのですが，近い将来，コンパイラが自動的に最適化してくれるようになるはずです．いずれにしても，この部分は本書の範囲外になります．以後本節ではシングルコアでSSEなどの特別な機能を持たないものを対象とします．

　このようにプロセッサの理論性能は機械的に求めることができるのですが，一般に理論と実際は大いに違うものです．コンピュータの性能も理論性能と実際の性能は大きく異なります．コンピュータの性能予測というのは従って実際の実行性能を予測するということになります．新しいコンピュータを開発するために，その実際の性能を予測するには確率モデルやペトリネット，キューイングネットワーク，シミュレーションが利用されますが，本章の目的は，皆さんの作ったプログラムが，既存のコンピュータでどれくらいの実行時間になるかを予測することにあります．

　第5章で説明したような，シングルコアで高機能命令を持たないプロセッサを1個だけ持つコンピュータでプログラムを稼働させる場合，常にキャッシュヒットして命令パイプラインが完璧に作動すれば，そのプロセッサのクロック数に近い命令数を1秒間に実行できます．しかしながらそのようなことは稀であり，実際の実行性能は大きく劣ります．前節で説明した方法でプログラムの総演算数が分かったとして，それをプロセッサのクロック数で割ったものが理想的な実行時間（秒）となります．理想的な実行時間に比べて実際の実行時間は数倍から数十倍遅くなります．この差はプログラムの実行を遅らせる要因によって複雑に変わります．一般にプログラムの実行を遅らせる要因として，下記の事項が考えられます．

　要因1． 補助記憶装置のデータの読み書き
　要因2． 主記憶装置のデータの読み書き

要因 3. 命令パイプラインの乱れ

　要因 1 の補助記憶装置のデータの読み書きには，プログラム中でのデータの読み書きと，ページングによるものの 2 種類が考えられますが，図 9.12 では前者の例を示しています．図左の calc-1 では主要計算のたびに補助記憶装置からデータを読み込んでいるのに対し，図右の calc-2 ではデータを全て読み込んでから主要計算を行っています．一見してどちらの実行性能も同じように思えるでしょうが，実際には大きな違いがあります．calc-1 では第 8 章の 8.2 節で説明した DMA 転送の恩恵を得ることができません．calc-2 でコンパイラがデー

```
calc-1()                              calc-2()
{   ファイルオープン                  {   ファイルオープン
    for (y=0;y++;y<DataSize)              for (y=0;y++;y<DataSize)
        for (x=0;x++;x<DataSize)              for (x=0;x++;x<DataSize)
        {   データ読み込み                    {   データ読み込み
            主要計算                          }
        }                                 for (y=0;y++;y<DataSize)
}                                             for (x=0;x++;x<DataSize)
                                                  主要計算
                                      }
```

図 9.12　データを読み込む場所の違い

タの逐次読み込み部を DMA 転送の命令と解釈してくれることが前提になりますが，calc-1 では通常データ読み込み時間が数倍から十数倍余分にかかることになります．

　それでは，プログラム中でデータファイルからデータを読み込む場合は常に calc-2 のようにまとめて読み込んだ方がいいかというと，そうでもありません．図 9.13 ではファイルから読み込むデータ量が多すぎてレジデンスセットの容量を超えてしまい，スラッシングを発生させてしまう状況を示しています．この時最初の方で読み込まれたデータは，calc-2 の主要計算のところではメインメモリになく，補助記憶装置のページファイルにあります．そのためせっかく事前に補助記憶装置か

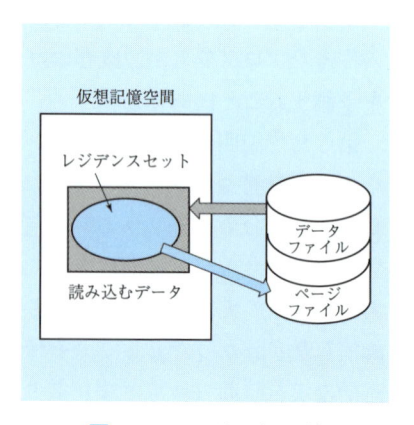

図 9.13　スラッシング

らデータ読み込みを行っていたにもかかわらず，再び補助記憶装置から読みださなければなりません．さらに，レジデンスセットが限界の時点での新たな読み込みであるため，レジデンスセットの中からどこかのページを追い出さなければなりません．これは当然のことながら，事前に読み込まれたデータのうちのどれかが追い出されることになり，そのデータが主要計算で必要になる際には，また補助記憶装置から読み込まなければなりません．

一般にレジデンスセット長よりも大きいデータを読み込むプログラムでは，データをある程度（少なくともレジデンスセット長よりも小さい程度）に分割して，図 9.14 の calc-3 のような形で処理をすれば効率良く実行できます．ここでは $m \times DataSize$ のデータを連続して読み込み，その部分の主要計算をした後，次の $m \times DataSize$ のデータを読み込み主要計算というように行っていきます．calc-3 のデータ読み込み部分が DMA 転送されるようにコンパイラが最適化してくれる必要がありますが，これができればかなりの高速化が期待できます．

```
calc-3()
{   ファイルオープン
    for (i=0;i+=m;i<DataSize)
        {   for (y=i;y++;y<i+m)
                for (x=0;x++;x<DataSize)
                    データ読み込み
            for (y=i;y++;y<i+m)
                for (x=0;x++;x<DataSize)
                    主要計算
        }
}
```

図 9.14 極端に大きいデータを読み込む場合

要因 2 の主記憶装置のデータの読み書きというのは，プログラムからのデータ要求がキャッシュヒットしない場合の遅延時間を意味します．キャッシュヒットの観点から calc-1 を見てみると，非常に効率が悪いことが分かります．大規模なデータを外部記憶装置から読み込む場合，配列を使って仮想メモリ空間の連続もしくは等間隔領域[†]に格納します．ある配列要素がキャッシュミスしたとしても，メインメモリから当該配列要素を含むキャッシュラインをロードしてくれば，その配列要素の近くにある配列要素も一緒にロードされます．そして参照の局所性により近い将来アクセスされるそれら近隣配列要素はキャッシュヒットすることになるわけです．ところが calc-1 では毎回主要計算の直前に外部記憶装置からの読み込みを行うため，1 回のキャッシュミスが以後何回かの

[†] 2 次元配列 $a[x][y]$ で x 方向が連続領域とすると y 方向は等間隔領域になります．3 次元以上の配列でも同じです．

キャッシュヒットには全くつながりません．これに対して calc-2 では主要計算の前にまとめてデータをロードしているため，キャッシュミスは多発しません．もし読み込むデータサイズがレジデンスセット長を超えるなら，要因1と同様，calc-3 のような形にすればいいわけです．

ここで読み込むデータがキャッシュメモリの容量を超える場合，同じように calc-3 のような形にするのが合理的なのですが，現在のプロセッサは階層的なキャッシュメモリを持っており，上位のキャッシュで溢れても下位のキャッシュで拾われることが多いので，プログラムを複雑にすることとのトレードオフで決めることになります．キャッシュミスは他に疎行列計算やモンテカルロ法などのランダムアクセスで多発しますが，これは本書では触れないことにします．

要因3の命令パイプラインの乱れとは，特定のステージで待ち状態が発生し，それが原因で全ステージの動作が止まってしまうことです．図 9.15 では Stage 3 の命令 I_2 で待ち状態が発生し，そのため他の全ステージが待ち状態に陥ったことを示しています．このような待ち状態

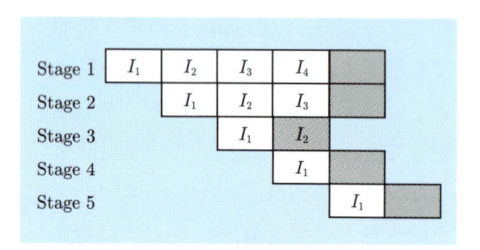

図 9.15 命令パイプラインの乱れ

の多発する状況では命令パイプラインの高速化は全く利用することができなくなってしまいます．命令パイプラインがほとんど乱れない状態であれば，プログラムは理想的な効率（プロセッサのクロック数に近い命令数を1秒間に実行）で稼働します．要因2の原因となるキャッシュミスは同時にこの命令パイプラインの乱れも引き起こします．ではキャッシュミスのほとんどない状態では命令パイプラインの乱れは発生しないかというと，そうでもありません．

プロセッサに供給される命令列では大部分は逐次実行するのですが，命令には条件分岐という例外があります．図 9.16 の calc-4 ではループ文の繰り返し部でループ変数が偶数の場合は body1 を，奇数の場合は body2 を実行するようになっています．この時ループ変数を2で割った余りを求める剰余算の結果が分かるまでは，フェッチユニットは次の命令をロードすべきか，指定されたアドレスの命令をロードすべきか分かりません．従って，calc-4 ではイタレーションごとに，命令パイプラインの乱れが生じます．これに対して calc-5 では，

ループを分割して，ループ変数の偶数部と奇数部を分けています．こうすることでどちらのループも条件分岐命令を削除することに成功しています．ただし，このようなループの分割は分割することによって元のプログラムの意味が変わらない，という大前提があります．

```
calc-4()                        calc-5()
{   for (i=0;i++;i<N)           {   for (i=0;i+=2;i<N)
        if (i%2=0)                      body1;
            body1;                  for (i=1;i+=2;i<N)
        else                            body2;
            body2;              }
}
```

図 9.16　条件分岐の削除

calc-5 をよく見ると，for 文に終了判定があります．つまり，for 文自体に条件分岐が含まれているのですが，この部分はコンパイラが最適化して，命令パイプラインの乱れが最小限になるように処理をしてくれます．

本節ではプログラムの実行効率を劣化させる要因 1〜3 を説明し，その基本的な回避方法を示しました．プログラムの実行効率を劣化させる，その他の要因としては，マルチスレッドでの同期問題や資源競合問題などがよく知られていますが，本書の範疇を超えてしまいます．

第 9 章の章末問題

問題 1 1GIPS/1GFLOPS の性能を持つプロセッサ，1GB のメインメモリ，1MB の 2 ウェイセットアソシアティブ方式のキャッシュメモリで構成されるコンピュータを考える．以下の問に答えよ．

1) 下記のプログラムの実行時間を予測せよ．

    ```
    int i, j, k;
    float X[1000][1000], Y[1000][1000], Z[1000][1000], W[1000];
    for(i=0;i<1000;i++)
        for(j=0;j<1000;j++)
            for(k=0;k<1000;k++)
                Z[i][j] += X[i][k]*Y[k][j]+W[k];
    ```

2) 実際に実行時間を計ってみたところ，1) の予測よりはるかに長い時間が必要であった．その理由として考えられることをあげよ．また，その解決策を考えよ．

3) 実際に実行時間を計ってみたところ，1) の予測より速く実行できてしまった．その理由として考えられることをあげよ．

章末問題解答

第1章

問題1 イ), **問題2** $36 = 0010\,0100_{(2)}$ 補数は $1101\,1100_{(2)}$, -36
問題3 $20/32 = 0.625 = 0.101_{(2)}$, **問題4** $0.011_{(2)}$
問題5 1 MIPS のコンピュータは 1 秒間に 100 万回の命令を実行できるのに対し,1 MFLOPS のコンピュータは 1 秒間に 100 万回の浮動小数演算命令を実行できるので,少なくとも 1 MFLOPS のコンピュータが 1 MIPS のコンピュータより性能が劣ることはありません.

第2章

問題1 まず「簡単な命令セット」に関しては,チューリングマシンでは命令に関する規定はないので,そのような命令でチューリングマシンを構成すると規定します.次に「プログラム内蔵方式」は,実際のチューリングマシンでは無限に長いテープにプログラムが記載されていることを示します.「逐次制御方式」は,テープ上の命令を 1 つずつ順番に実行するため,「線形記憶」はテープに線形のアドレスをつけることで条件を満たします.

問題2 昔から研究されているものにデータフロー型コンピュータやリダクションマシン,最近では量子コンピュータなどがあります.また,ノイマン型コンピュータの概念がなかった頃のコンピュータ,例えば ENIAC なども非ノイマン型となります.

第3章

問題1 LOADI 命令はメモリ参照を行いませんが,「STOREI R(*address*) 即値」と定義した場合,メモリに書き込むことになります.1 回のメモリ参照が CPU のクロックの数十倍かかるので,LOADI は他の LOAD 命令に比べて格段に速く実行できるというメリットがあります.一方 STOREI はメモリ参照を行うため他の STORE 命令と大差ない実行速度になってしまうのでわざわざ定義するメリットがあまりないのです.
問題2 右図のようになります.
問題3 主要部分を C で書くと,

```
for(i=0;i<10;i++)
    MSG(i)=MSG(i)+1;
```

となります.配列への読み書きには

```
LOADX R2 M(R0+MSG)
STORE M(R0+MSG) R2
```

```
              LOADI R0 NEXT
              LOADI R1 MSG
              BRA Count
NEXT:         :
              :
Count: STOREA M(RET) R0
       LOADI R3 #0
       LOADI R0 #0
L2:    LOADX R2 M(R1)
       BREQ R2 R3 L1
       INC R0
       INC R1
       BRA L2
L1:    LOADI R1 #0
       ADD R1 R0
       LOAD A R0 M(RET)
       BRR R0
       :
RET:   0
MSG:   "Hello"
```

を使って，1足すところは，INC R2 を使います．以上を
右図のループに入れ込みます．超簡単命令セットの命令
長は2B固定なので，コード行数×2+10がプログラム
サイズとなります．

```
        LOADI R0 #0
        LOADI R1 #10
L1:     BRLT R0 R1 L2
        HLT
L2:     主要部
        INC R0
        BRA L1
MSG:    "abcdefghij"
```

第4章

問題1 直接アドレス指定とはメモリ中のデータにアクセスするために当該アドレスを直接指定することであり，この方式に対するものは（メモリ中のデータをアクセスするために，そのデータが格納されているアドレスをデータとしてもつメモリ位置を指定する）間接アドレス指定となります．絶対アドレス指定とはアドレスだけを指定してメモリ参照を行うことであり，この方式に対するものは（インデックスやベースレジスタなどでアドレス修飾を行う）相対アドレス指定となります．従って，直接アドレス指定と絶対アドレス指定は違いを述べるような関係ではありません．

問題2 第7章で説明する仮想記憶では，プロセスごとに独自の仮想メモリ空間を持つので，プログラムの開発が劇的に簡単になりましたが，各仮想メモリ空間を物理メモリ空間にマップする際に，開始位置を変更するだけで再配置できるリロケータブルという考え方が必要となりました．この考え方の基礎となったのがベースアドレス指定です．

第9章の9.2節で説明するように，プログラム実行の99%はループ文です．すなわちベクトルや行列といった配列を用いたデータ構造を使う場合，インデックスを使って全体の処理を記述すればプログラムの開発が劇的に簡単になります．そこでループインデックスを利用してアドレス指定のできるインデックス付アドレス指定が出現しました．

問題3 1) $B*(B+C)-C*(C+B)=B^2-C^2=(B+C)*(B-C)$ の順に最適化されます．なぜならば，左辺は乗算2回加減算3回，中央式だと乗算2回加減算1回，右辺は乗算1回加減算2回となるからです．右辺のプログラムは2アドレス方式・ロードストア方式のそれぞれが右図のようになります．

2) 2アドレス方式の場合，右図上のプログラムのように，加算2回・減算1回・乗算1回が必須で，各命令とも2回のメモリアクセスを行うので，合計8回のメモリアクセスが最低限必要となります．ただし，最初の加算はAにBをコピーするためのものであり，メモリ間の値をコピーする命令が用意されていれば演算回数を減らすことができます．

次にロードストア方式の場合，Bの値を2個のレジスタ（R0, R1）に格納するのと，Cの値を別のレジスタに格納し，最終的にAに書き出す必要があります．よってメモリアクセスは4回必要となります．ただし，レジスタ間コピーのような命令が用意されていればメモリアクセス数を減らすことができます．

```
#2 アドレス方式
    ADD A B
    ADD A C
    SUB B C
    MUL A B
A:0
B:n
C:m

#ロードストア方式
    LOAD R0 B
    LOAD R1 B
    LOAD R2 C
    ADD R0 R2
    SUB R1 R2
    MUL R0 R1
    STORE A R0
A:0
B:n
C:m
```

第 5 章

問題 1　（ア）プログラムカウンタ（イ）命令キャッシュ（ウ）命令レジスタ（エ）プログラムカウンタ（オ）デコードユニット（カ）プログラムカウンタ（キ）実行ユニット（ク）レジスタファイル（ケ）ライトバックユニット（コ）実行ユニット（サ）ライトバックユニット（シ）実行ユニット

問題 2　下図のようにキャリーは加算に先立って計算され，その後 8 個の全加算器が同時に計算されます．C_0 から C_7 までは 1,1,1,1,1,1,0,0 で，加算結果は 10011000．

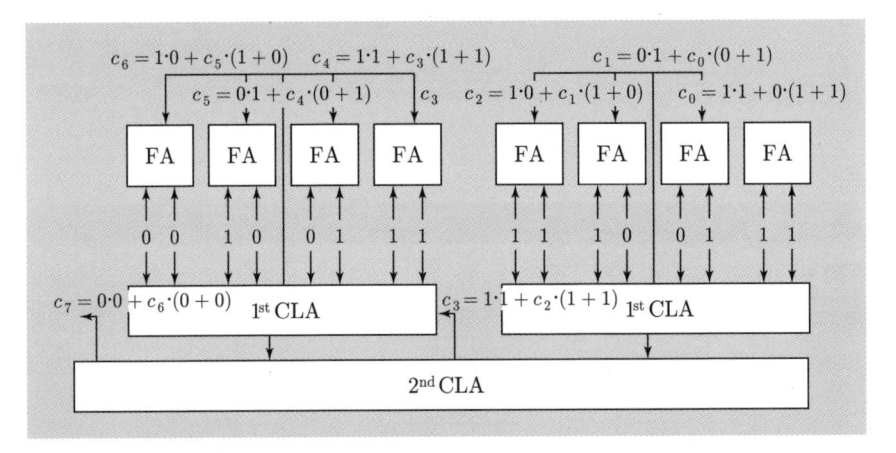

$$c_6 = 1\cdot 0 + c_5\cdot(1+0) \quad c_4 = 1\cdot 1 + c_3\cdot(1+1) \quad c_1 = 0\cdot 1 + c_0\cdot(0+1)$$
$$c_5 = 0\cdot 1 + c_4\cdot(0+1) \quad c_3 \quad c_2 = 1\cdot 0 + c_1\cdot(1+0) \quad c_0 = 1\cdot 1 + 0\cdot(1+1)$$

| FA | FA | FA | FA | FA | FA | FA | FA |

0 0　1 0　0 1　1 1　1 1　1 0　0 1　1 1

$c_7 = 0\cdot 0 + c_6\cdot(0+0)$　1st CLA　　$c_3 = 1\cdot 1 + c_2\cdot(1+1)$　1st CLA

2nd CLA

問題 3　下図のとおり．引き放し法では Step-5 の前の Step-1 で商が 11 とありますが，この商は Step-5 で 10 とキャリーなしで 1 ビットシフトされた後，剰余が負なので剰余に除数を加えて，商の最下位ビットを 0 にしています．

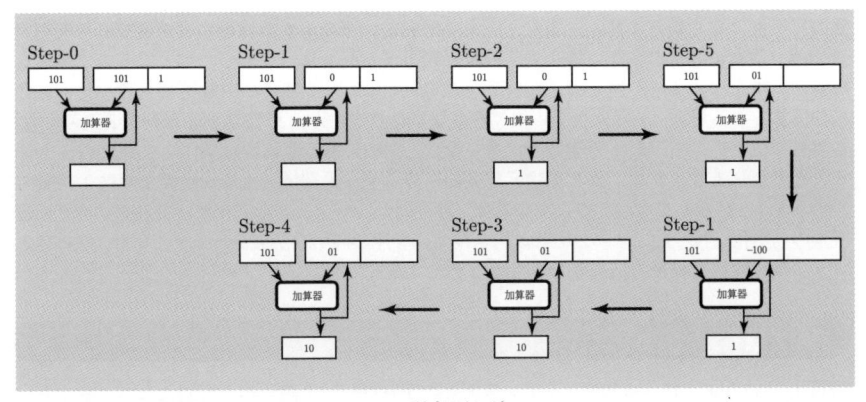

Step-0　　Step-1　　Step-2　　Step-5
101　101　1　　101　0　1　　101　0　1　　101　01
加算器　　加算器　　加算器　　加算器
　　　　　　　　　　1　　　　1

Step-4　　Step-3　　Step-1
101　01　　101　01　　101　−100
加算器　　加算器　　加算器
10　　　　10　　　　1

(1)　引き戻し法

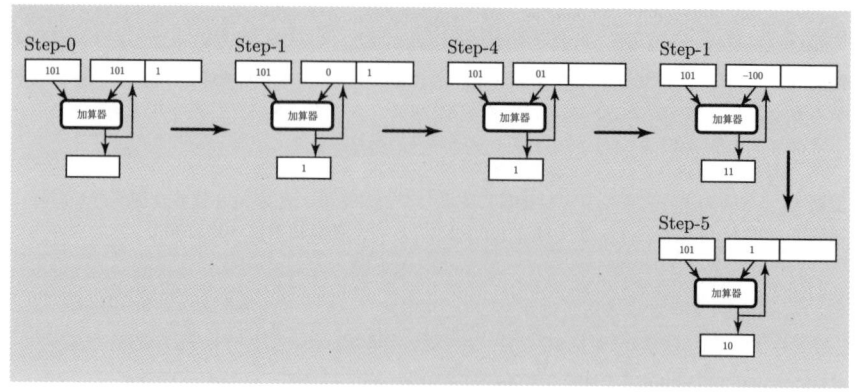

(2) 引き放し法

第 6 章

問題 1 1) 下左図 2) 下中図，ヒット 5 回，ミス 4 回（**注**：便宜上，各ウェイの左からアクセスが古い順に並べられているとする） 3) 下右図，ヒット 4 回，ミス 5 回

1)

8	4	16
1	9	21
14	10	2
11	7	15

2)

4	20	0
21	9	5
2	6	14
11	7	15

3)

16	20	0
9	21	5
2	6	14
11	7	15

問題 2 モンテカルロ法のように，データのどの部分を参照するか乱数で選ばれる場合，参照の局所性は全く効きません．また，巨大な配列で，その要素のほとんどが零であり実際の値を持つ要素が非常に少ない場合，その配列に対する演算はほとんどが零となるので無駄な計算が大半を占めます．例えば，100 万 × 100 万の 2 次元配列と 100 万要素のベクトルの積和計算をする場合，1 兆回以上の演算が必要になりますが，その 2 次元配列の要素のうち，零以外の値を持つものが 1 万要素しかないなら，意味のある演算数は全体の 1 億分の 1 ということになります．また，その 1 次元配列の占めるデータ領域も実際に必要なのは 1 億分の 1 ということになります．このような場合，疎行列というデータ形式を使って計算効率と記憶容量の効率化を行うのですが，それと引き換えに参照の局所性が失われます．なお，疎行列というのは科学技術分野で広く使われているデータ形式です．

第 7 章

問題 1 1) 255, 15,   2) レジデンスセットからページを追い出して新たにページフレームを確保します．追い出すページが更新されている場合とそうでない場合とに分けて説明しましょう．また，どのページを追い出すかの説明も行えば，より良い解答となります．

問題 2　1) 256 KB, 64 KB, 1 KB,　　2) 256, 64,　　3) (a) ページテーブルの 10 番目 (1010) のエントリは 6 (110) であるから，ページ内アドレス (1010111000) の上位に 110 をつけて物理アドレスとなります．　(b) ページテーブルの 8 番目のエントリはないので新たにページフレームを確保します．

第8章

問題 1　1) 周波数が 1 MHz なので 1 秒間に 100 万回の送信が可能であり，シリアルバスなので 1 回の送信で 1 ビット送るため，結局 256 クロック分の送信時間が必要になります．ここでの 1 クロックは 1 マイクロ秒なので，256 マイクロ秒必要となります．また，バンド幅は 1 秒間に送信できるデータ量なので 1 M ビット毎秒となります．　　2) ① クロックを 4 倍にして 4 MHz の周波数にするか，② クロックを変えずにデータ線を 4 本にするか，③ シリアルバスを 4 本使うかのいずれかになります．① が一番簡単ですがコストが高くつきます．② はちょっと複雑になりますが，① ほどコストは高くありません．③ はコストは安いですが，受け取り側のプログラムで工夫が必要になります．

問題 2　バスにアドレスやデータを連続送受信する際，直前の送受信からある程度の時間が経たないと次の送受信を行うことができません．これを通信オーバーヘッドと呼びますが，バースト転送では転送するデータ領域が連続であるという制約はあるものの，何度もアドレスを送る代わりに先頭アドレスと転送回数を送るだけなので，これだけでも相当数の通信オーバーヘッドを回避できます．さらにデータの送受信は連続的に行われるので，その部分での通信オーバーヘッドも削減されます．

　　DMA は CPU の代わりに DMA コントローラがバースト転送を行うもので，CPU の負荷がほとんどかからないという利点があります．

問題 3　ページフォールトが発生すると，ソフトウェア割り込みが発生して強制的に OS に制御が移ります．このページフォールトがアドレス計算のバグのためアクセス禁止領域を示している場合，アクセス違反で OS はそのプロセスを終了させます．これもソフトウェア割り込みとなります．

第9章

問題 1　1) ループボディ部では，まず配列 X, Y, Z のアドレス計算のために整数乗算 1 回と整数加算 2 回 (X[i][j] のアドレスは X + i × 1000 + j で求められる)，ベクトル W のアドレス計算のために整数加算 1 回を行う必要があります．次に演算として浮動小数乗算 1 回と浮動小数加算 2 回を行います．従って，ループボディを 1 回実行するのに 13 回の整数/浮動小数演算を行うことになります．ループボディ部の繰り返し回数は 1000 × 1000 × 1000 で，また 3 重ループのうち最深部のループインデックスの k の加算も同じ回数実行されるため，結局 14 回の演算を 1 G 回実行することになります．よって 1 GIPS/1 GFLOPS のプロセッサでは少なくとも 14 秒の実行時間が必要と予測されます．　　2) 実行環境ではキャッシュメモリのウェイ数が 2 となっていますが，プログラムではキャッシュメモリの容量より大きな配列を 3 個使っています．この時，キャッシュラインのスラッシングが発生してキャッシュミスが多発していることが考えられます．これを解決するには，最深部ループを下記のように分割してキャッシュミスを出しにくくすることが考えられます．

```
    for(k=0;k<1000;k++)
        Z[i][j] += X[i][k]*Y[k][j];
    for(k=0;k<1000;k++)
        Z[i][j] += W[k];
```

3) 実行予測では配列のアドレス計算を考慮していましたが，その部分をポインタを使って書き換えることで整数乗算を省略することができます．実行環境のコンパイラがそのような最適化を行ったと考えていいでしょう．あるいはプロセッサが整数演算と浮動小数演算を同時に行える機能を持っている場合も考えられます．

参 考 文 献

参考文献としては，まえがきでもふれたように (1) が本書のベースとなるので，本書を読んでコンピュータアーキテクチャに興味を持たれた方はぜひとも読んでみてください．(2) と (4) はコンピュータのしくみを非常に分かり易く書いています．(3) はちょっと専門的な本になります．パソコンに興味のある人は (5) を読んでみてください．アカデミアとは違った世界があります．本書ではチューリングからノイマンという枠組みで説明しましたが，ノイマン型コンピュータの歴史は (6) に詳しくあります．最後に，コンピュータアーキテクチャの本というと，所謂ヘネパタ本を外せません．ヘネパタとは，ヘネシーとパターソンのことなのですが，この二人が RISC を発明したのです．そして名著，『コンピュータアーキテクチャ 定量的アプローチ』は日本語訳されており，現在は (7) の第 4 版があるのですが，とても高価なため，少々古いですが初版の訳である (8) でも十分に価値はあります．

(1) 富田眞治，コンピュータアーキテクチャ―基礎から超高速化技術まで 第 2 版，丸善，2000

(2) 馬場敬信，コンピュータのしくみを理解するための 10 章，技術評論社，2005

(3) 曽和将容，コンピュータアーキテクチャ，コロナ社，2006

(4) 清水忠昭，菅田一博，新・コンピュータ解体新書，サイエンス社，2005

(5) 中森章，マイクロプロセッサ・アーキテクチャ入門―RISC プロセッサの基礎から最新プロセッサのしくみまで，CQ 出版社，2004

(6) ウィリアム・アスプレイ（著）／杉山滋郎・吉田晴代（翻訳），ノイマンとコンピュータの起源，産業図書，1995

(7) ジョン・L・ヘネシー，デイビッド・A・パターソン（著）／中條拓伯（監修，翻訳），吉瀬謙二，佐藤寿倫，天野英晴（翻訳），コンピュータアーキテクチャ―定量的アプローチ 第 4 版，翔泳社，2008

(8) デイビッド・A・パターソン，ジョン・L・ヘネシー（著）／富田眞治，新實治男，村上和彰（翻訳），コンピュータアーキテクチャ―設計・実現・評価の定量的アプローチ，日経 BP 社，1992

索　引

あ　行

アセンブラ	39
アセンブリ言語	39
アドレス	25
アドレス指定方式	53
アドレス修飾	55
アドレス線	166
アドレス変換	135
アドレス命令形式	53, 58
1の補数	7
イベント	171
インクルージョン属性	127
インタリーブ方式	110
インデックスレジスタ	55
ウェイ数	110
エクスクルージョン属性	130
演算パイプライン	84
オーバーフロー	6, 171
オペコード	40
オペランド	40

か　行

拡張バス	174
加算器	21
仮数部	8
仮想記憶	12
仮想ページ	137
仮想メモリ	135
間接アドレス指定	54
記憶装置	25
機械命令	25
疑似連想写像方式	142
逆ポーランド記法	66
キャッシュイン	115
キャッシュコヒーレンス	124
キャッシュヒット	114
キャッシュミス	114
キャッシュメモリ	31
キャッシュライン	114
キャリー	73
空間的局所性	104
クロック線	160
桁上げ先見方式	73
桁上げ保存方式	74
桁あふれ	6, 171
高級言語	36

さ　行

時間的局所性	104
指数表記	8
指数部	8
システムバス	111, 173
実行ユニット	87
実メモリ	135
主記憶装置	100
状態遷移	20
シリアルバス	167
スタック	61
ステートマシン	91
ストアユニット	29
スパコン	13
スマートフォン	15
スラッシング	150
スレイブデバイス	165
スワップファイル	135
制御命令	26
セグメンテーション方式	136
セグメント	137
絶対アドレス指定	55

索引

セットアソシアティブ方式	116
全加算器	73
相対アドレス指定	55
即値	41

た 行

ダイレクトマップ方式	116
多重レベルページング	140
タブレット PC	15
単精度	8
逐次桁上げ方式	73
中央処理装置	31
チューリングマシン	19
超簡単命令セット	41
直接アドレス指定	54
直接写像	138
低級言語	36
データ型	6
データキャッシュ	71
データ線	160
データ通信路	158
デコードユニット	71

な 行

内部状態	20
ニーモニック	39
2 の補数	7
ノイマン型コンピュータ	25
ノイマンボトルネック	113
ノード	162

は 行

バースト転送	168
倍精度	9
バイト	3
バス	30
バスアービタ	164
バス幅	167
半加算器	73
バンク	110
バンクコンフリクト	111
バンド幅	160
汎用機	12
引き放し法	78
引き戻し法	77
ビクティムキャッシュ	130
ビット	2
フェッチユニット	29
符号ビット	6
物理メモリ	135
浮動小数点数	9
フリップフロップ	108
フルアソシアティブ方式	116
プログラムカウンタ	30
プログラム内蔵方式	25
プロセス	148
プロセッサ	11
プロファイル	185
ページアウト	106
ページイン	106
ページテーブル	138
ページファイル	135
ページフォールト	149
ページフレーム	137
ページフレームテーブル	141
ページング方式	136
ベースレジスタ	55
変位	56
ポーランド記法	66
ポーリング	173
ホップ	163

ま 行

マイクロプログラム方式	93
マシンクロック	58
マスターデバイス	165

索引

マッピング方式	116
マルチタスク	133
ミニコン	12
無効化	124
命令キャッシュ	71
命令セット	38
命令パイプライン	88
メインメモリ	100
メモリ	30
メモリブロック	115

ら行

ライトスルー	123
ライトバック	123
ライトバックユニット	87
ライトバッファ	124
ラベル	33
ランダムアクセス	102
リプレースメント	115
リフレッシュ	109
リンク	162
例外	172
レジスタ	30
レジスタファイル	87
レジデンスセット	149
連想写像	141
ロードストア方式	60
ロードユニット	29
論理回路	25
論理メモリ	135

わ行

ワークステーション	12
割り込み	171
割り込みハンドラ	172
ワレス木乗算器	76

欧数字

ASCII	5
CISC	95
CPU	31
DMA	115, 169
DMA コントローラ	169
DRAM	101
EUC	5
FIFO	119
FPU	82
GIPS	11
GUI	13
HDD	31
LRU	120
MIPS	11
RISC	95
ROM	102
SJIS	5
SPEC	11
SRAM	71, 101
SSD	107
TLB	123, 133
USB	173

著者略歴

城　　和　貴
　(じょう)　(かず　き)

1984 年　大阪大学理学部数学科卒業
1984 年　日本 DEC 入社
1986 年　ATR 視聴覚機構研究所出向
1991 年　(株)クボタ コンピュータ事業推進室
1993 年　奈良先端科学技術大学院大学入学
1996 年　同修了（博士号取得）
1996 年　同助手
1997 年　和歌山大学システム工学部講師
1998 年　同助教授
1999 年　奈良女子大学理学部教授（現在に至る）
　　　　専門：コンピュータアーキテクチャ，人工知能，
　　　　可視化等

Computer Science Library-6
コンピュータアーキテクチャ入門

2014 年 1 月 10 日　ⓒ　　　　　　初 版 発 行
2022 年 5 月 25 日　　　　　　　　初版第 6 刷発行

著　者　城　和　貴　　　発行者　森 平 敏 孝
　　　　　　　　　　　　印刷者　篠 倉 奈 緒 美
　　　　　　　　　　　　製本者　小 西 惠 介

発行所　株式会社　サイエンス社

〒151-0051　東京都渋谷区千駄ヶ谷 1 丁目 3 番 25 号
営業　☎ (03)5474-8500(代)　振替　00170-7-2387
編集　☎ (03)5474-8600(代)
FAX　☎ (03)5474-8900

印刷　(株)ディグ　　　　　製本　ブックアート
《検印省略》
本書の内容を無断で複写複製することは，著作者および出版者の権利を侵害することがありますので，その場合にはあらかじめ小社あて許諾をお求め下さい。

サイエンス社のホームページのご案内
http://www.saiensu.co.jp
ご意見・ご要望は
rikei@saiensu.co.jp　まで

ISBN978-4-7819-1328-5
PRINTED IN JAPAN

コンピュータ
アーキテクチャの基礎
北村俊明著　2色刷・Ａ5・本体1600円

実践による
コンピュータアーキテクチャ
−ＭＩＰＳプロセッサで学ぶアーキテクチャの基礎−
中條・大島共著　2色刷・Ａ5・並製・本体1900円
発行：数理工学社

ハードウェア入門
柴山　潔著　Ａ5・本体1400円

新・コンピュータ解体新書［第2版］
清水・菅田共著　Ａ5・本体1650円

論理回路の基礎
南谷　崇著　2色刷・Ａ5・本体2100円

ディジタル回路
五島正裕著　2色刷・Ａ5・上製・本体2300円
発行：数理工学社

論理回路
一色・熊澤共著　2色刷・Ａ5・上製・本体2000円
発行：数理工学社

論理回路入門
菅原一孔著　2色刷・Ａ5・並製・本体1600円
発行：数理工学社

＊表示価格は全て税抜きです．

サイエンス社

オペレーティングシステム概説
－その概念と構造－
谷口秀夫著　2色刷・A5・本体1450円

オペレーティングシステムの基礎
大久保英嗣著　A5・本体1600円

基礎オペレーティングシステム
－その概念と仕組み－
毛利公一著　2色刷・A5・並製・本体1900円
発行：数理工学社

コンパイラの基礎
徳田雄洋著　2色刷・A5・本体1700円

コンパイラの理論と作成技法
大山口・三橋共著　2色刷・A5・本体1700円

コンパイラ [第2版]
－原理・技法・ツール－
A.V.エイホ／M.S.ラム／R.セシィ／J.D.ウルマン共著
原田賢一訳　A5・本体8800円

＊表示価格は全て税抜きです．

サイエンス社

━╱━╱━Computer Science Library 増永良文編集 ━╱━╱━

1 コンピュータサイエンス入門
増永良文著　2色刷・A5・本体1950円

2 情報理論入門
吉田裕亮著　2色刷・A5・本体1650円

3 プログラミングの基礎
浅井健一著　2色刷・A5・本体2300円

4 C言語による 計算の理論
鹿島　亮著　2色刷・A5・本体2100円

5 暗号のための 代数入門
萩田真理子著　2色刷・A5・本体1950円

6 コンピュータアーキテクチャ入門
城　和貴著　2色刷・A5・本体2200円

7 オペレーティングシステム入門
並木美太郎著　2色刷・A5・本体1900円

8 コンピュータネットワーク入門
小口正人著　2色刷・A5・本体1950円

9 コンパイラ入門
山下義行著　2色刷・A5・本体2200円

10 システムプログラミング入門
渡辺知恵美著　2色刷・A5・本体2200円

11 ヒューマンコンピュータインタラクション入門
椎尾一郎著　2色刷・A5・本体2150円

12 CGとビジュアルコンピューティング入門
伊藤貴之著　2色刷・A5・本体1950円

13 人工知能の基礎
小林一郎著　2色刷・A5・本体2200円

14 データベース入門[第2版]
増永良文著　2色刷・A5・本体1950円

15 メディアリテラシ
植田祐子・増永良文共著　2色刷・A5・本体2500円

16 ソフトウェア工学入門
鰺坂恒夫著　2色刷・A5・本体1700円

17 数値計算入門[新訂版]
河村哲也著　2色刷・A5・本体1650円

18 数値シミュレーション入門
河村哲也著　2色刷・A5・本体2000円

別巻1 数値計算入門[C言語版]
河村哲也・桑名杏奈共著　2色刷・A5・本体1900円

＊表示価格は全て税抜きです．

━╱━╱━ サイエンス社 ━╱━╱━